人工智能应用丛书

数理逻辑和算法理论

计算机科学与人工智能的数学基础

袁相碗　编著
徐洁磐　主审

中国铁道出版社有限公司
CHINA RAILWAY PUBLISHING HOUSE CO., LTD.

内 容 简 介

本书以数理逻辑和算法理论的进化为主线,并结合计算机与人工智能学科的发展为其主要特色进行论述。

全书共分 8 章,主要包括算法化和公理化矛盾统一的数学史观,逻辑的数学化,集合论公理化,数学基础问题三大派之争,数理逻辑主要内容的形成,丘奇-图灵论题的创立和计算机的出现,计算机科学与算法,人工智能与算法等内容。

本书适合作为高等院校人工智能、计算机科学、数学、哲学等本科专业学生及研究生对应课程的教材,也适合作为从事计算机科学和人工智能应用与开发的科技人员的参考书。

图书在版编目(CIP)数据

数理逻辑和算法理论:计算机科学与人工智能的数学基础/
袁相碗编著.—北京:中国铁道出版社有限公司,2023.4
人工智能应用丛书
ISBN 978-7-113-29872-2

Ⅰ.①数… Ⅱ.①袁… Ⅲ.①数理逻辑－高等学校－教材
②算法理论－高等学校－教材　Ⅳ.①O141

中国版本图书馆 CIP 数据核字(2022)第 227847 号

书　　名	数理逻辑和算法理论——计算机科学与人工智能的数学基础
作　　者	袁相碗

策　　划	刘丽丽	编辑部电话:(010)51873202	
责任编辑	刘丽丽		
封面设计	尚明龙		
责任校对	安海燕		
责任印制	樊启鹏		

出版发行:中国铁道出版社有限公司(100054,北京市西城区右安门西街 8 号)
网　　址:http://www.tdpress.com/51eds/
印　　刷:天津嘉恒印务有限公司
版　　次:2023 年 4 月第 1 版　2023 年 4 月第 1 次印刷
开　　本:787 mm×1 092 mm　1/16　印张:11.25　字数:224 千
书　　号:ISBN 978-7-113-29872-2
定　　价:40.00 元

版权所有　侵权必究

凡购买铁道版图书,如有印制质量问题,请与本社教材图书营销部联系调换。电话:(010)63550836
打击盗版举报电话:(010)63549461

编委会

主　任：
何新贵（北京大学教授，中国工程院院士，中国人工智能学会会士）

副主任：
蔡庆生（中国科学技术大学计算机科学与技术系教授，中国人工智能学会会士，曾任中
　　　国人工智能学会副主任、中国人工智能学会机器学习专委会主任）
徐洁磐（南京大学计算机科学与技术系教授，曾任中国人工智能学会理事、中国人工智
　　　能学会离散智能专委会主任、中国计算机学会计算机理论专委会副主任）
贲可荣（海军工程大学电子工程学院教授，中国计算机学会理论计算机科学专委副主任）

编　委：（按姓氏笔画排序）
马　楠（北京联合大学机器人学院教授，副院长）
马慧民（经济学博士，上海大数据联盟常务副秘书长，上海市北高新股份有限公司副总
　　　经理）
王江锋（北京交通大学交通运输学院教授，交通工程系副主任）
王献昌（吉林大学计算机学院教授，成都凯斯人工智能研究院院长，国家特聘专家）
朱频频（维知科技股份有限公司教授级高工、董事长，中国人工智能学会理事，全国信
　　　息技术标准化委员会副主任委员）
刘国华（东华大学计算机科学与技术学院教授）
杨露菁（海军工程大学电子工程学院教授）
邵志清（上海市信息化专家委员会副主任，华东理工大学教授，曾任上海市经济和信息
　　　化委员会副主任、华东理工大学信息科学与工程学院院长）
周　芸（博士，大数据应用与分析高级工程师，上海擎云物联网股份有限公司董事长）
娄　岩（中国医科大学计算机教研室主任、教授，中国医药教育协会智能医学组委会主任
　　　委员，全国高等学校计算机基础教育研究会智能技术专业委员会主任委员）
顾进广（武汉科技大学计算机科学与技术学院教授，武汉科技大学大数据科学与工程
　　　研究院副院长）
徐龙章（上海信息化发展研究协会常务副会长，上海首席信息官联盟秘书长）
黄金才（国防科技大学系统工程学院教授，中国人工智能学会理事）
黄智生（荷兰阿姆斯特丹自由大学人工智能系终身教授，武汉科技大学大数据研究院
　　　副院长）
谢能付（中国农业科学院农业信息研究所研究员）

序　言

自 2016 年 AlphaGo 问世以来，全球掀起了人工智能的高潮，人工智能学科也进入第三次发展时期。由于它的技术先进性与应用性，人工智能在我国也迅速发展，党和政府高度重视，2017 年，在中国共产党第十九次全国代表大会报告中，习近平总书记明确提出要发展人工智能产业与应用。此后，多次对发展人工智能做出重要指示。人工智能已列入我国战略性发展学科中，并在众多学科发展中起到"头雁"的作用。

人工智能作为应用技术，在我国已取得了重大的进展，在人脸识别、自动驾驶汽车、机器翻译、智能机器人、智能客服等多个应用领域取得突破性进展，这标志着新的人工智能时代已经来临。

由于人工智能应用是人工智能生存与发展的根本，习近平总书记指出，人工智能必须"以产业应用为目标"，其方法是"要促进人工智能和实体经济深度融合"及"跨界融合"等。这说明应用在人工智能发展中的重要性。

为了响应党和政府的号召，发展新兴产业，同时满足读者对人工智能及其应用的认识需要，中国铁道出版社有限公司组织并推出"人工智能应用丛书"。本丛书内容突出应用，以应用为驱动，以应用带动理论、反映最新发展趋势作为主要编写方针。本丛书大胆创新、力求务实，在内容编排上努力将理论与实践相结合，尽可能反映人工智能领域的最新发展；在内容表达上力求由浅入深、通俗易懂；在内容和形式体例上力求科学、合理、严密和完整，具有较强的系统性和实用性。

"人工智能应用丛书"自 2017 年开始问世至今已三年有余，已编辑出版或即将出版 12 本著作。

丛书自出版以来受到广大读者的欢迎，为满足读者的要求，丛书编委会在 2019 年组织了两次大型活动：2019 年 1 月在上海召开了丛书发布会与人工智能应用技术研讨会，同年 8 月在北京举办了人工智能应用技术宣讲与培训班。

2019 年是关键的一年，随着人工智能研究、产业与应用的迅速发展，人工智能人才培养已迫在眉睫，教育部已于 2018 年批准 35 所高校开设人工智能专业，同时有 78 个与人工智能应用相关的智能机器人专业，以及 128 个智能医学、智能交通等跨界融合型应用专业也相继招生。2019 年教育部又批准 178 个人工智能专业，2020 年教育部又批准了 131 个人工智能专业，同时还批准了多个人工智能应用相关专业。人工智能及相关应用人才的培养在教育领域已掀起高潮。

面对这种形势，人工智能专业的课程设置、教材编写也成为当务之急，因此，中国铁道出版社有限公司在原有应用丛书的基础上，又策划组织了"高等院校人工智能系列'十四五'规划教材"，以编写人工智能应用型专业教材为主。

在《中共中央关于制定国民经济和社会发展第十四个五年规划和二〇三五年远景目标的建议》中，将人工智能列为首位的国家发展战略支撑项目，是具有前瞻性、战略性的国家重大科技项目。因此，在"十四五"规划教材中我们将更加努力，精心打造与国家要求相一致的精品教材。其特色表现为以下两方面：

(1) 应用性：人工智能学科培养"研究型"与"应用型"两类人才，目前最紧缺的是应用型本科人才。因此本丛书突出应用型本科人才培养。

(2) 体系性：人才培养需要有完整的知识体系。在人工智能应用人才培养中须包括基础理论、应用技术、应用开发及实验教材等。在本规划教材中共设置16本教材，它全面包括了上述知识体系。

这两套丛书均以"人工智能应用"为目标，建立统一的"编委会"，即两套丛书一个编委会。

这两套丛书适合作为普通高等院校人工智能相关专业、计算机专业及相关融合型专业及高校人工智能公共课程的教材及教学参考材料，也可作为人工智能产品开发和应用人员的自学材料，还可供对人工智能领域感兴趣的读者阅读。

丛书在出版过程中得到了人工智能领域、计算机领域以及其他多个领域相关专家的支持和指导，同时也得到了广大读者的支持，在此一并致谢。

人工智能是一个日新月异、不断发展的领域，许多理论与应用问题尚在探索和研究之中，观点的不同、体系的差异在所难免，如有不当之处，恳请专家及读者批评指正。

"人工智能应用丛书"编委会
2022年10月

前　言

如所知，数学和逻辑密不可分。数理逻辑是用数学方法研究数学基础问题的一个抽象的数学分支（人称是"彻底数学化了的符号逻辑集合论"）。它不仅涉及哲学、逻辑学、语义学等众多学科分支，而且其研究对象、主要内容、思想方法、历史演变过程等都具有鲜明的独特性。特别是哥德尔不完全性定理将数理逻辑的研究方向引向可计算性问题的探索，丘奇-图灵论题（可计算性理论）的创立则为计算机的出现以及计算机科学和人工智能的繁荣奠定了数学基础，开辟了道路。这是 20 世纪以来数学史和科学史上具有里程碑意义的重大成果。

《数理逻辑和算法理论》试图立足于数学本质，根据公理化与算法化这两大主流思想交替地在数学发展中占据主导地位的数学发展史，以数理逻辑和算法理论进化的历史轨迹为主线，对数理逻辑主要内容的形成和算法理论的变革如何促进计算机的出现，如何推动计算机科学和人工智能的繁荣作一有依据、有观点、有知识性的探索与论述。

本书主要宗旨在于展示：数理逻辑是计算机科学与人工智能之源，数理逻辑及其算法理论是计算机科学与人工智能的数学基础，算法则是计算机科学与人工智能的首要主题与核心思想。

本书主要内容有：

（1）数理逻辑主要内容形成的历史轨迹，强调数理逻辑是用数学方法研究数学基础问题的一个数学分支。它首次兼容了算法化和公理化两大主流思想，指出了算法化思想是数学相对真理模式之一。

（2）哥德尔不完全性定理不仅在数理逻辑主要内容形成中发挥了基础性与关键性的作用，而且将数学的真理性从"可证性"提升到"真实性"，特别是首次定义并提出了"原始递归函数"概念为可计算性理论和计算机科学的兴起指出了方向，开辟了道路。

（3）丘奇-图灵论题源于哥德尔不完全性定理，在历史上第一次将算法从计算概念中独立出来，不仅给出了"人机结合"的算法定义，而且提出了形式系统可计算性的判定准则。它为计算机的出现，计算机科学与人工智能算法的创立与发展奠定了数学基础，提供了强大动力。

（4）人工智能算法的高度复杂性展示了以图灵机为基础的有效算法已难以模拟人类智能。为此，对人工智能算法未来的若干理论问题进行了简要的分析与探讨。

通过本书的出版,期望高等院校重视与加强数学(数理逻辑)的教育,提高受教育者的数学素养。

《数理逻辑和算法理论》适合作为高等院校人工智能、计算机科学、数学、哲学等院系本科高年级学生及研究生的修读课教材,也可作为从事计算机科学和人工智能应用与开发的科技人员的参考用书。

在这里,我要特别感谢南京大学计算机科学与技术系的资深教授徐洁磐和徐永森,特别是徐洁磐教授的鼓励与支持,他不仅对第6章和第7章的章节设计提出了重要建议,而且对其中有关内容做了充实与提炼,感谢南京大学医学院杨晓荷同志为收集有关参考文献和打印书稿付出了大量的精力与时间。

本书由徐洁磐教授主审,在审稿中他对全书从宏观到微观各层次作了细致的审查,并提出了审改意见,在此再一次对他表示感谢。

本书的编写参考了许多资料,在此一并对相关资料的作者表示感谢。

由于作者的水平有限和收集文献资料的局限,错误与不足在所难免,敬请读者批评与指正。

袁相碗

2022 年 10 月

目 录

第0章 绪 论 ········· 1
    0.1 什么是算法化和公理化矛盾统一的数学发展史 ········· 1
    0.2 什么是数理逻辑 ········· 4
    0.3 算法概念的演变 ········· 6
    0.4 哥德尔不完全性定理 ········· 7

第1章 逻辑的数学化 ········· 9
    1.1 莱布尼茨的逻辑的数学化构想 ········· 9
    1.2 布尔的逻辑代数 ········· 12
    1.3 弗雷格的逻辑演算 ········· 21
    1.4 命题演算和谓词演算系统的完善 ········· 25

第2章 集合论公理化 ········· 35
    2.1 古典集合论的创立 ········· 36
    2.2 第三次数学危机(集合论悖论)的引发 ········· 43
    2.3 集合论的公理化 ········· 47

第3章 数学基础问题三大派之争 ········· 53
    3.1 逻辑主义 ········· 54
    3.2 直觉主义 ········· 57
    3.3 形式主义 ········· 63
    3.4 数学基础问题三大派之争的简要评述 ········· 67

第4章 数理逻辑主要内容的形成 ········· 71
    4.1 希尔伯特的四个中心问题和哥德尔的卓越贡献 ········· 71
    4.2 数理逻辑主要内容的形成 ········· 73

  4.3 哥德尔完全性定理 79
   4.4 哥德尔不完全性定理 82
   4.5 哥德尔不完全性定理的历史意义 86
   4.6 哥德尔的数学思想 91

第5章 丘奇-图灵论题的创立和计算机的出现 94

   5.1 可计算性理论的兴起 94
   5.2 丘奇-图灵论题的创立 100
   5.3 图灵理想计算机的意义 106
   5.4 计算机的出现 109

第6章 计算机科学与算法 113

   6.1 计算机科学是研究算法的科学 113
   6.2 算法基础——可计算性理论 115
   6.3 计算机算法的原理 122
   6.4 计算机算法的执行——程序设计语言与程序 127

第7章 人工智能与算法 132

   7.1 人工智能学科研究的核心是算法 132
   7.2 人工智能学科的发展史是一部算法的发展史 135
   7.3 人工智能的推理算法 141
   7.4 人工智能的归纳算法 148
   7.5 基于算法的人工智能理论研究 163

参考文献 170

第 0 章

绪 论

立足于数学的本质,根据算法化和公理化这两大主流思想交替地在数学中占据主导地位的数学发展史,以数理逻辑和算法理论的进化为历史轨迹主线,来论述数理逻辑和算法理论是计算机出现、计算机科学和人工智能繁荣的数学基础与强大动力的演变过程,有必要对如下若干问题先作简要介绍。

0.1 什么是算法化和公理化矛盾统一的数学发展史

数学史的论述及其分期,可以采取不同的主线,如以往有关于常量与变量的矛盾,代数和几何的并峙,以及近年来离散数学与连续数学的对立。著名数学史学家李文林在《数学的进化》中采用了以算法化与公理化思想的矛盾统一及其交替取得数学发展中的主导地位为主线,将数学史进行分期。

1. 自古以来,数学的发展存在着两大主流思想

(1) 算法化(或机械化)思想

这是源于古代中国的一种数学思想,其主要特征是:

① 立足于某类科学或实际问题的求解。

② 致力于算法的概括(不是一般的纯计算的方法,而是从某类科学或实际问题中概括出具有一般性的计算过程)。

③ 目标是按确定的计算规则,在有限步骤内获得某问题求解的结论,不讲究数学的严密化。

④ 其数学基础是:潜无限及其延伸自然数系。

(2) 公理化(或演绎证明)思想

这是以古希腊欧几里得公理几何学为代表的一种科学范式。其主要特征是:

① 立足点是论证数学及其定理证明。

② 强调数学形式化,先建立符号系统,再从公理系统出发,遵循一定的演绎规则,

推导或证明定理,其中,公理系统必须满足相容性、独立性与完备性的要求。

③ 目标是将某一数学系统建成一个逻辑严密的演绎体系。

④ 其数学基础是:实数的无穷集合。

对此,中国著名的数学家吴文俊强调指出:作为数学的两种主流思想,在数学发展中都起过巨大作用,理应兼收并蓄,不可有所偏废。

2．数学史显示:算法化与公理化总是交替地取得主导地位

(1) 原始算法积累时期(从数学萌芽至公元前6世纪)

根据古巴比伦、古埃及、古印度和中国等保存下来的古代文献,其中带有大量正确而未加证明的算术、代数及几何公式。这个时期,几何仅仅是一种应用算术而已。

(2) 古希腊演绎几何时期(公元前6世纪至公元15世纪)

早期游历了古巴比伦和古埃及的古希腊学者,在接触与了解了古巴比伦和古埃及的数学状况之后,结合当时希腊学界注重哲学、喜爱思辨、学派林立等现状,公元前5世纪毕达哥拉斯学派发端了"论证数学",坚持"万物皆数(整数)""无理数$\sqrt{2}$"的发现,引发第一次数学危机。为消除第一次数学危机,公元前368年左右,欧多克索斯(Eudoxus,约公元前400—公元前347)创立了纯几何的"比例论",在四条公理的基础上,用"几何量"定义了无理数的概念。公元前300年左右,欧几里得(Euclid,约公元前330—公元前275)创立了公理方法,将初等几何学建立在23个基本定义、5个公设和5条公理的基础上。从此,古希腊演绎几何取代了原始算法积累时期而取得数学发展中的主导地位,将数学基础建立在"形"(欧氏几何学)的基础上。

(3) 算法繁荣时期(15世纪至18世纪)

继欧几里得几何兴盛时期之后,数学史上有了一个漫长的中世纪东方(包括中国、印度和阿拉伯)算法时期。后来,随着欧几里得几何学和东方算法精神传至欧洲,欧洲学者接受与赞赏东方的算法精神,从17世纪开始开创了一个寻找最普遍数学(科学)方法的"科学的数学化年代"。其主要成果有:

① 笛卡儿(Descartes,1596—1650,见图0-1)编写的《解析几何学》不仅首次引进了具有划时代意义的"变量"概念,而且将几何问题化归为代数方程求解。这是一种按确定的规则与程序对代数方程进行求解的机械化的计算过程。

② 莱布尼茨(Leibniz,1646—1716,见图0-2)在逻辑的数学化中将语言符号化、推理演算化,创立了"通用符号演算"。这是一种将推理(证明)转化为机械化的演算过程。

③ 牛顿(Isaac Newton,1643—1727)和莱布尼茨分别而独立地创立了"流数术"和"无穷小算法",并以此建立起具有里程碑意义的微积分理论体系。致使17世纪和18世纪成为数学和科学、数学家和科学家难以区分,以及无穷小算法大显神通的年代,称为"算法繁荣时期"。由于无穷小算法"时而将无穷小视为非零变量,时而又令其为

零",出现了 $\frac{0}{0}$ 的谬论。据此,爱尔兰的哲学家贝克莱攻击微积分违背了矛盾律,从而引发了第二次数学危机("无穷小悖论"或"贝克莱悖论")。这意味着算法繁荣时期的结束。

图 0-1 笛卡儿

图 0-2 莱布尼茨

（4）现代数学和公理倾向时期（20 世纪初期至 20 世纪 40 年代）

1912 年至 20 世纪 40 年代中叶,现代数学呈现出:分析严密化、代数抽象化、几何非欧化三大趋势。公理化思想在消沉了两千多年之后,不仅东山再起,而且又迅速地占据了主导地位,并进入了"为数学而数学"的纯粹数学的年代,其中公理化思想始终是中流砥柱。

（5）计算机的出现和计算机算法时代（20 世纪 40 年代中期至今）

20 世纪 40 年代,计算机的出现及其广泛应用导致计算机科学和人工智能的兴起,这意味着算法化思想在数学中的主导地位取得了质的提升,并动摇了现代数学演绎倾向的主导地位。

3. 数理逻辑和算法理论的进化分期

"数理逻辑和算法理论的进化"主要是指 20 世纪 30 年代数理逻辑主要内容形成的过程中,哥德尔不完全性定理的证明首次提出并定义了原始递归函数的概念之后,数理逻辑和算法理论的进化导致计算机的出现,以及计算机科学和人工智能算法的创立与繁荣。因此其分期是:

① 从数理逻辑主要内容的形成,到丘奇-图灵论题的创立,即 20 世纪 30 年代初期至 30 年代中期。

② 从丘奇-图灵论题的创立,到计算机的出现,即 20 世纪 30 年代中期至 40 年代中期。

③ 从计算机的出现至人工智能算法的兴起,即从 20 世纪 40 年代中期至今。

0.2 什么是数理逻辑

数理逻辑有两个源头：其一是17世纪莱布尼茨的逻辑的数学化（符号逻辑）；其二是20世纪初集合论悖论（第三次数学危机）所引发的有关数学基础问题三大派之争，最后形成了由逻辑演算、公理集合论、证明论、递归函数论和模型论等五个分支所构成的数理逻辑学科体系。

1. 逻辑演算系统是数理逻辑的共同基础

它源于17世纪莱布尼茨的用方法研究形式（逻辑的数学），19世纪经布尔（Boole，1815—1864，见图0-3）的逻辑代数和弗雷格（G. Frege，1848—1925，见图0-4）的逻辑演算，再经罗素等人的完善，基本上实现了莱布尼茨的逻辑的数学化设想，建立起命题演算和谓词演算系统。

图0-3 布尔

图0-4 弗雷格

2. 数理逻辑主要内容是用数学方法研究数学基础问题的重大成果

20世纪初，数理逻辑在有关数学基础问题三大派之争的基础上，经用数学方法研究数学基础问题的数学实践而逐步形成。

(1) 有关数学基础问题三大派之争

① 逻辑主义：数学基础是逻辑，数学可化归为逻辑，数学是逻辑的一个分支。

② 直觉主义：数学基础是心智的直觉——可构造，而不是逻辑。

③ 形式主义：数学独立于逻辑，数学的真理性是数学形式化及其公理系统的相容性。

④ 三大派之争的结局：逻辑主义以失败告终，其结果形成了直觉主义和形式主义的对立。

(2) 用数学方法研究数学基础问题的数学实践

① 在策梅洛集合论公理化的基础上，为研究公理系统ZFC相容性形成了"公理集合论"。

② 希尔伯特(David Hilbert,1862—1943,见图0-5)提出了以"命题证明"为研究对象的证明论(元理论)。

③ 以哥德尔(K. Gödel,1906—1978,见图0-6)引进并定义的"原始递归函数"为起点,在研究可计算性理论和判定问题的推动下,创立了"递归函数论"。

④ 模型论源于语义学的研究,后来发展为对模型和系统关系以及模型的分析与构造的研究,从而使其成为数理逻辑中十分活跃的领域。

图0-5 希尔伯特

图0-6 哥德尔

3. 数理逻辑的学科体系

在有关数学基础问题三大派之争的基础上,经用数学方法研究数学基础问题的数学实践,形成了数理逻辑主要内容(四大论),如果再加上数学化了的逻辑演算(命题演算和谓词演算系统),则数理逻辑的学科体系可用图0-7表示如下:

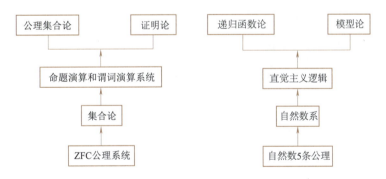

图0-7 数理逻辑的学科体系

由此可见,数理逻辑兼容了算法化和公理化两大主流思想,展示了算法化和公理化是建立在不同数学基础上的两种不同的数学相对真理模式。它们虽具有质的不同,但可以"和平共处"。

4. 数理逻辑的学科特征

数理逻辑是20世纪用数学方法深入探索数学基础问题的一个重大数学成果。由

于数理逻辑与多学科密不可分,相互交织。所以,它和其他数学分支,相比较而言,具有如下的主要特征:

(1) 边缘性

从莱布尼茨提出逻辑的数学化设想到逻辑演算的早期形成,数理逻辑是应用数学方法研究形式逻辑及其推理有效性的数学(应用数学)分支。但是,就其内容而言,命题演算和谓词演算又是对逻辑推理和逻辑规律的探索。这样,逻辑演算(命题演算和谓词演算)既具数学性,又具逻辑性。

20世纪在数学基础问题三大派之争基础上形成的数理逻辑主要内容,则是彻底"数学化"了的数学分支。它不仅与逻辑演算有着质的差异,而且在数学内部也是独立于其他数学分支(如布尔代数)的一种学科类型,所以,数理逻辑是一门既具"边缘性",又具"独立性"的数学学科。

(2) 基础性

数理逻辑的本质及其主要内容是立足于数学与多学科的相通性,应用数学的方法研究数学基础问题的产物,于是,它既可立足于公理集合论,将数学的各个分支概括为概念集、符号集、公式集、规则集、运算集等所形成的一个无限或有限的形式系统进行求证,又可以立足于自然数系和潜无限,将某类数学与科学的问题化归为算法进行求解。所以,《数学及其认识》中指出:"数学是建立在集合论与数理逻辑这两大块基石上的",而不是仅仅建立在集合论这一块基石上的。

(3) 兼容性

从数理逻辑的理论学科体系(见图0-7)可以看出:数理逻辑的一个重要特征是兼容性和辩证性,它将算法化和公理化的既对立又统一化归为建立在数理逻辑基础上的两种不同的相对真理模式。指出了:离散与连续、计算与证明、潜无穷与实无穷,在数理逻辑的基础上或一定条件下,是可以相互转化,或兼容的。

0.3 算法概念的演变

1. 东方算法时期的算法概念

算法源于数学萌芽时期来自人类生产与生活经验的简单算术、代数及几何的公式的求解。在漫长的中世纪,东方(中国、印度和阿拉伯)的算法精神,在中国称其为"术",在印度和阿拉伯则是"数的运算法则"之意。

于是,东方算法精神:

其一,"算法"概念是和"计算"概念密不可分的。

其二,任何计算都是在一定算法的支持下进行的。

其三,算法是服从并服务于计算的,算法是计算概念的一部分。

2. 无穷小算法

数学进入了变量数学时期之后,在 17 世纪开始的科学的数学化年代,为创立微积分学,牛顿发明了以力学为背景的"流数术",莱布尼茨则以逻辑学为背景创立了"无穷小算法"。流数术和无穷小算法的发明途径不同,但实质上是相同的。它们将代数的运算关系从加、减、乘、除、乘方、开方、指数、对数等"八则运算"拓展到包含微分与积分的十则运算,并发现了微分和积分之间的互逆关系。但是,这是一种"正确的结论基于错误假设"的无穷小算法。所以,牛顿的流数术,被 19 世纪创立的"极限法"所代替,而莱布尼茨的无穷小算法,则在数理逻辑的"模型论"创立之后,在"非标准分析"中取得了复活与提升。

3. 算法概念的质变

以哥德尔的"原始递归函数"为起点,到丘奇-图灵论题的创立,标志着算法已从计算概念中独立出来。

其一,算法是某类问题求解的计算方案(计算程序与计算过程)。

其二,算法的目标是有限步骤内获得问题求解的结果。

其三,算法的内涵包括:

①算法的语言符号系统;

②计算规则;

③计算过程。

计算机出现之后,算法便成为计算机科学和人工智能的核心,并在其中处于中心地位。参考文献[22]的《计算机科学概论》中算法的中心地位如图 0-8 所示。

图 0-8 算法的中心地位示意图

0.4 哥德尔不完全性定理

经 20 世纪初的有关数学基础问题三大派之争,在用数学方法研究数学基础问题的数学实践之中,形式主义代表人物希尔伯特坚持形式主义公理的宗旨(数学系统是完备的,数学定理是可以证明的),从保护经典数学成果出发,提出了具有创造性的以

"命题证明"为研究对象的"证明论设想"(希尔伯特计划)。

当时,年仅23岁的青年学者哥德尔则立足于直觉主义的"直觉-可构造"宗旨(数学系统是不完备的,有的数学定理是不可证的),独具一格地以判定性与完备性为切入点,对希尔伯特的证明论设想作出了否定性的断言,并给出了具有里程碑意义的哥德尔不完全性定理:

① 哥德尔第一不完全性定理:如果形式理论 T 是与容纳数论并不矛盾的,则 T 必是不完全的。

② 哥德尔第二不完全性定理:如果形式算术系统是简单一致的,则不能用形式化方法证明它。

数理逻辑的发展史显示:哥德尔不完全性定理不仅在数理逻辑主要内容的形成中发挥了基础性与关键性的作用,而且不断地开辟了新纪元,被誉为在20世纪现代数学史上写下了浓重一笔,被列为20世纪现代数学十大重要成果之首。其历史性贡献有:

① 首次用"真实性"代替"可证性",将数学的真理性从可证性提升到真实性。

② 不仅给希尔伯特的"证明论设想"(用有穷主义数学证明任意形式算术系统的相容性)以致命一击,而且首次深刻地揭示了任何数学系统、数学计算、数学证明、智能机器……都具有不可克服的局限性。

③ 哥德尔不完全性定理的证明,是一种构造性证明(存在必须被构造)。他巧妙地借助于"说谎者悖论",构造了一个"真的,但不可证明"的不可判定命题。在求证这一命题的存在性中,引入了"哥德尔数"的概念,并用"配码法",建立起元理论中的命题和自然数命题之间一一对应关系,不仅证明了"P 是不可证明"命题是存在的,而且还提出并定义了"原始递归函数"(直观的可计算函数)。这为可计算函数理论的创建和计算机的问世提出了方向,开辟了道路。

第 1 章

逻辑的数学化

"逻辑的数学化"是应用数学方法研究形式逻辑。其宗旨是:创造一套表述概念的符号语言,发明一种通用的推理规则,把逻辑推理过程转化为演算过程,进而将其构成一个有序的逻辑演算的形式系统。

这种应用数学方法将逻辑语言符号化和思维过程演算化的"符号逻辑"或"数学化了的逻辑",其构想的提出、演变的过程和体系的创立都是数学发展史中某一时代的产物。"构想的提出"发生在17世纪开始的科学数学化时代,"演变的过程"则开始于19世纪,"体系的创立"则发生在19世纪末数学抽象化、严密化和公理化之中。

因此,逻辑的数学化,从提出构想到较为完整的创立逻辑演算系统(命题演算和谓词演算系统),是一个漫长而曲折的历史过程。

1.1 莱布尼茨的逻辑的数学化构想

莱布尼茨是17世纪德国数学家,1666年,他发表了第一篇数学和逻辑学相结合的论文《论组合的艺术》(此文已包含了数理逻辑的早期思想),后来进行的一系列的研究工作使他成为数理逻辑的创始人;莱布尼茨终身奋斗的主要目的是寻求一种可以获得知识和创造发明的普通方法,这种努力导致许多数学的发现,使他在数学领域最突出的成果是创立了微积分学及其无穷小算法。

1.1.1 科学的数学化年代

大约从15世纪开始,世界科学与数学中心逐步移至文艺复兴时期的欧洲。在此之前,古希腊演绎几何和东方算法精神传入欧洲。16世纪之后,欧洲人在代数研究方面开始获得了超过前人的数学成就。《古今数学思想》指出:"截至1600年,欧洲的科学无疑注意到数学在自然科学研究中的重要性,Descartes 和 Galilei 两人针对科学活动的基本性质,进行革命化,他们选定科学应该使用的概念,重视规定科学活动的目标,改变科学中的方法论。他们这样做,不仅使科学得到出乎意料和史无前例的力量,而且把科学和数学紧密地结合起来,他们这个计划实际上是要把理论科学归纳到数学。"

于是,从 17 世纪开始,数学发展进入了一个"科学的数学化年代"。

科学的数学化年代是一个数学与科学密不可分的、数学家与科学家难以区分的年代,是一个以数学(欧几里得几何)为典范,应用数学方法变革科学方法论的年代。科学的数学化的思维过程如图 1-1 所示。

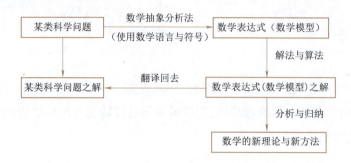

图 1-1 科学的数学化的思维过程示意图

1.1.2 莱布尼茨的"普遍逻辑构想"

在科学的数学化年代,笛卡儿和莱布尼茨都致力于寻找最为一般或普遍的数学(科学)方法论。正如《古今数学思想》指出:"在几何论证的符号化甚至机械化中显示出来的代数的威力,感动了笛卡儿和莱布尼茨一些人,他们两人设想了一种比数量的代数更宽广的科学。他们设计了一种一般的或抽象的推理科学,它行使起来将有点像通常的代数,但可应用于一切领域中的推理……"

1. 笛卡儿的"通用数学设想"

笛卡儿是法国著名数学家,是"解析几何学"的创立者。他第一个引进了"变量"概念,使数学发展从常量数学时期进入了变量数学时期。他一生从事科学和数学方法论的研究,坚信科学的本质是数学,确认"一切现象都可用数学描述出来"的概念。他发表的专门研究方法论的《指导思想的法则》的主旨是:寻求发现真理的一般方法,强调了一般方法的主要原则是确定性、有序性和普遍性,并提出了一个"通用数学"的设想;其方案是:将一切问题化为代数方程式求解(亦即"一切问题化归为数学问题,数学问题化归为代数问题,代数问题化归为方程式求解"),然后,对各类代数方程给出标准解法,以此来实现问题求解过程的机械化。

因此,笛卡儿的"通用数学设想"的目的是"问题求解"(不是定理证明),实现问题求解的过程是机械化(或算法化)。

2. 莱布尼茨的"普遍逻辑设想"

莱布尼茨在研究笛卡儿思想的基础上评论道:笛卡儿的几何代数化未能进而达到

"从事证明的一般而抽象的通用符号演算"（笛卡儿本人不同意这种评论，他认为真理并不依赖于演绎式的证明，他的"通用数学"是问题求解）。因此，莱布尼茨试图寻求一种更为普遍的推理机械化的数学方法，使其在任何领域中都能通过一种像算术与代数那样的演算来达到精确的推理，他的设想是：构建一种"通用符号演算"，不仅可以进行逻辑演算，而且可将定理证明机械化。

由于莱布尼茨应用数学方法研究亚里士多德逻辑的成果发表在名著《论组合的艺术》中，分散在未发表的众多短文、杂记、书信之中，所以 M. 克莱因的《数学：确定性的丧失》在论述莱布尼茨提出的"普遍逻辑设想"及其普遍性的三个基本要素中指出：

"首先普遍性：一种统一的科学的语言，其可以部分或大部分符号化，适应于由推理得出的所有真理。第二个元素是一个包揽无遗的推理逻辑形式的完备集合，它允许由最初的原理进行任何可能的演算。第三个元素是技巧组合，它是一个思维的程序，对下面每一个简单概念赋予一个符号，通过对这些符号的组合和运算允许更为复杂的概念的表达式和处理。"

3. "普遍逻辑构想"的实质是逻辑的数学化构想

莱布尼茨提出的普遍逻辑构想及其普遍性的三个基本要素，清晰地体现了逻辑的数学化的实质及其思维过程：

其一，符号化：应用数学方法对形式逻辑进行"由果到因"的数学抽象分析，用数学的通用语言与符号，将其归纳为符号化了的"逻辑公理"。

其二，推理演算：由最初的原理（逻辑公理）出发，进行任何可能的演算（思维过程的演算化），将逻辑推理（证明）过程化归为一连串公式的演算过程。

其三，技巧组合：从符号化了的最简单概念出发，通过技巧组合（演算规则）可发现新的真理。

于是，莱布尼茨在给友人的一封信中写道："……我将作出一种'通用代数'，在其中，一切推理的正确性将化归为计算。它同时又将是通用语言，……其中的字母和字将由推理来决定，除却事实的错误之外，所有错误将只是由计算错误而来。"

由此可见，莱布尼茨的逻辑的数学化构想，虽然停留在"构想"或"设想"之中，但已体现了逻辑的数学化之本质特征（语言符号化、思维演算化、证明机械化）。

1.1.3 莱布尼茨对逻辑代数的初试

莱布尼茨不仅首创了逻辑的数学化构想，而且对逻辑代数进行了初试。在1690年左右写成的两份手稿中，根据逻辑是一种概念的演算，他引出了相当于逻辑"恒等""蕴涵""加""减"等概念及其符号，并将亚里士多德的三段论推理本身归纳为一种符号演算。

对此，M. 克莱因的《古今数学思想》作出了如下评述：

莱布尼茨"开始了真正逻辑代数的工作。其中已直接或间接地有了这样一些概念,即我们现在所说的逻辑加法、乘法、等同、否定和空集,他还注意到需要研究一些抽象关系,如包含、一一对应、多一对应以及等价关系等,他认识到其中有些具有对称和传递的性质。莱布尼茨没有完成这项工作,他未能超过三段论的法则,……"。

综上所述,莱布尼茨的逻辑的数学化构想是17世纪开始的科学的数学化年代的产物,1901年被人发现与研究之后,才被公认为:这是数理逻辑的先声,莱布尼茨则是符号逻辑的第一奠基者或创始人。

1.2　布尔的逻辑代数

《数学:确定性的丧失》指出:大约从1980年开始,为摒弃微积分为主的数学分析的那些模糊的概念和矛盾,以及满足于似是而非的证明,……为在一片空白上建立合适的数学基础,数学家们开始了消除无穷小悖论和建立微积分逻辑基础的探索,以柯西(Cauchy,1789—1857)发明极限论为标志,数学发展进入了"现代数学和演绎倾向"的19世纪。

于是,大约1820年之后,大多数数学家全神贯注于数学分析的严密化,导致19世纪的数学呈现出分析严密化、代数抽象化和几何非欧化三大趋势。有一部分数学家和逻辑学家则开始关注使用了两千多年的传统逻辑(亚里士多德逻辑)的局限与不足,并致力于对其进行改进与拓展。在这一过程中,特别是英国著名数学家和逻辑学家布尔接受与应用代数抽象化的新的代数观点,以逻辑外延原则引进了类(Class)的概念,创立了"逻辑代数"。这意味着布尔重启了莱布尼茨首创的逻辑的数学化构想,为继续推进逻辑的数学化的历史进程,迈出了重要而关键的一步,人称布尔是逻辑的数学化(或数理逻辑)第二奠基人。

1.2.1　传统逻辑的改进与拓展

19世纪以来,部分逻辑学家和数学家虽然仍将传统逻辑视为完善无缺的金科玉律,并继续采用它的原理进行推理,但是有人也发现了其中的局限与不足。于是,开始对其进行改进与拓展。其中值得一提的是哈密尔顿和德·摩根,尤其是德·摩根开创的"关系逻辑"的研究,突破了传统逻辑的束缚,为逻辑的数学化提供了新的动力。

1. 传统逻辑的局限与不足

根据莫绍揆的《数理逻辑初步》的论述,传统逻辑的局限与不足主要有:

第一,传统逻辑所讨论的语句局限于如下四种:

① 全称肯定 A(凡 S 均为 P);

② 全称否定 E(凡 S 均非 P);

③ 特称肯定 I(有的 S 均为 P);

④ 特称否定 O(有的 S 非 P)。

然后,在四种语句的基础上发展了三段论。

这种限于用"是"表示的主宾式语句,既限制了人们日常所使用的语句,又限制了数学所使用的语句,如:

A 大于 B,点 C 介于点 B 与 D 之间,等等。

第二,传统逻辑限于三段论。

传统逻辑规定:每个三段论必须有也只有三句主宾式语句,两句叫做前提,另一句叫做结论。如:

$$\frac{c\text{ 是 }a}{\text{所以 } b\text{ 是 }a} \qquad \frac{b\text{ 是 }a}{\text{所以 } c\text{ 是 }a}$$

但是,诸如:

a 大于 b,b 大于 c,所以 a 大于 c。

这三句都不是主宾式语句,以及"大于"这个关系的"可传性"都不合三段论式的规范。

第三,传统逻辑没有关于"量词"的研究。

所谓量词是指"凡""任何""所有"(这些叫做全称量词),以及有"有些"(这些称为存在量词)这一类词。传统逻辑把一个判断,按"质"分成肯定和否定,按"量"分成全称和特称,却没有量词的研究。

2. 哈密尔顿对传统逻辑的改进

美国逻辑学家哈密尔顿(Hamilton,1788—1856)是谓词量化理论的倡导者之一,他针对主语作量化的四种语句,将语句进一步划分为八种(每种语句都因宾语量化而各分为二):

A_1 一切 S 是一切 P; $\qquad$ A_2 一切 S 是有些 P;

E_1 一切 S 不是 P; $\qquad$ E_2 一切 S 不是有些 P;

I_1 有些 S 是一切 P; $\qquad$ I_2 有些 S 是有些 P;

O_1 有些 S 不是一切 P; $\qquad$ O_2 有些 S 不是有些 P。

哈密尔顿的这一谓词量化理论打破了传统逻辑是金科玉律、完美无缺、不可更改,激励了人们去从事新的理论与方法创新。从这个意义上说,如果没有哈密尔顿或许就没有布尔代数。

3. 德·摩根开创的"关系逻辑"研究

英国著名的逻辑学家德·摩根(A. De Morgan,1806—1871)则注意另一方面,主张对主语也作"质化",即对否定词也可放在主语前面,从而将每个判断分为两个,也得到了八个判断：

  A 一切 S 是 P；   A′ 一切非 S 是 P；
  E 一切 S 不是 P； E′ 一切非 S 不是 P；
  I 有些 S 是 P；   I′ 有些非 S 是 P；
  O 有些 S 不是 P； O′ 有些非 S 不是 P。

更为重要的是德·摩根在他1847年发表的《形式逻辑》和其他文章中开创了"关系逻辑"的研究。这意味着形式逻辑学摆脱了传统逻辑（关于主谓式）的束缚，开拓了新的更为广阔的领域。其主要贡献有：

第一，指出了关系的普遍性及推理的重要性。传统的三段论之所以有效，是依据于其中所包含的系词"是"的性质。例如：

$$\begin{array}{l}\text{如果 } S \text{ 是 } P \\ \underline{\text{且 } P \text{ 是 } K} \\ \text{则 } S \text{ 是 } K\end{array}$$

其有效性并非取决于"是"，而且决定于它所代表的关系具有可传性。因此，可增加一条新的原则，将"是"换为其他任意的关系词，便引进更多的正确的三段论式。例如：

$$\begin{array}{l}\text{如果 } S \text{ 大于 } P \\ \underline{\text{且 } P \text{ 大于 } K} \\ \text{则 } S \text{ 大于 } K\end{array}$$

由于这种推理的例子非常之多，所以在逻辑研究中应引进"是"之外的关系词。

第二，针对传统逻辑主要关注"是"的关系，德·摩根指出："这种逻辑不能证明：如果马是动物，则马尾巴是动物的尾巴，也不能讨论 x 爱 y 这样的关系，因此，必须考虑用符号表示的关系命题，如2比3小或点 O 在点 P 和点 R 之间，也必须考虑它们的否、逆、组合等其他关系的命题。"在上述的《形式逻辑》一书中，他用了一些自己规定的符号来表示关系命题，如用 $X\cdot\cdot LY$ 表示 X 和 Y 有关系 L……并对关系的普通性、关系词的关系、关系的交换等问题进行了初步的探讨与研究。虽然他未能将这一论题的研究进行到很深很远，但是已为进一步研究关系逻辑奠定了基础，故人称他为"关系逻辑之父"。

第三，除去关系逻辑之外，德·摩根还有两个以他命名的逻辑公式（不是他首先发现，但由他重新发现，并加以规范化）。按照他的说法：一个组（相当于类或集）的反面是各个组的反面的复合；一个复合的反面是各个成分的反面的复合。他将这一法则表示成逻辑记号便是：

$$1-(x+y) = (1-x) \cdot (1-y)$$
$$1-xy = (1-x) + (1-y)$$

德·摩根对此作出解释："聚集（逻辑和）的反面（否定）是这些聚集的反面的组合

(逻辑积),复合的反面是成分的反面的聚集"。这两个逻辑表示式将否定词(~)、析取词(∨)及合取词(·)联系起来,用现代的符号可分别表示为:

$$\sim(x \vee y) = \sim x \cdot \sim y$$
$$\sim(x \cdot y) = \sim x \vee \sim y$$

1.2.2 布尔的逻辑代数

哈密尔顿和德·摩根针对传统逻辑的局限与不足,是从逻辑学自身研究的视角范围,改进与拓展了传统逻辑学,并没有走上用数学方法对传统逻辑进行彻底的变革之路。19 世纪开始,致力于摆脱传统逻辑的束缚,沿着莱布尼茨的逻辑的数学化构想继续前进的是英国著名的数学家兼逻辑学家布尔。

布尔他早有用代数公式表达逻辑关系的想法,之后开始逻辑和代数之间关系的研究的。1844 年,布尔发表了著名论文《分析中的一般方法》,其逻辑代数及其思想方法则集中在《逻辑的数学分析》(1847 年)和《思维规律的研究》(1854 年)之中。

1. 布尔逻辑代数的基本思想

布尔应用代数方法研究逻辑,是因为他确认逻辑关系与代数运算十分相似。而代数系统在 19 世纪代数的抽象化发展中已进入了抽象的"形式代数"的时代,代数系统的抽象符号与格式可以有不同的解释,把解释推广到逻辑领域,就可以构成一种思维演算。于是,他在《逻辑的数学分析》的开头写道:"熟悉符号代数的理论现状的人们都知道,分析过程的有效性不依赖于对被使用符号所做的解释,只依赖于它们的组合规律,对被假定的关系的真假没有影响的每个解释系统,都是同样可允许的。这样一来,同一个过程在一种解释方式之下,可以表示关于数的性质的解法,在另一种解释方式之下,表示几何问题的解法,而在第三种解释方式之下,则表示力学或光学问题的解法,……我们可以正当地规定一个真演算的下述确定性质,即它是一种依赖于使用符号的方法,它的组合规律是已知的和一般的,它的结果就是承认一致性解释。……就是在这种一般原理的基础上,我的目的是要建立逻辑演算,我要为它在众所公认数学分析的形式中取得一个位置,而不去考虑它目前在目的和手段方面是否一定是无与伦比的。"

在《思维规律的研究》中,布尔则提出了更贴近于莱布尼茨的符号推理演算的观点。他在该书中叙述道:"下列论文的目的是为了研究思维运算的基本规则,推理正是依据这些规则而完成的,给出演算的符号语言表达式,并在此基础上建立逻辑科学和构造它的方法。"

由此可见,布尔应用代数方法研究逻辑是试图用代数的语言与符号表示逻辑概念与表达式,用代数的运算代替思维过程的演算。故布尔把这种建立在符号语言与表达式基础上的逻辑称为"逻辑代数",其中符号及其运算对象或形式,可以作出不同的解释。于是,他的逻辑代数是"类代数"为主,并可推广至"二值代数"与"命题代数"。其基本思想可用图 1-2 表示。

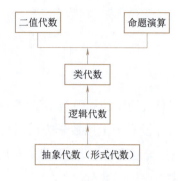

图 1-2　逻辑代数基本思想示意图

2. 布尔的类代数

布尔着重于外延逻辑,引进了"类"(Class)的逻辑,例如狗是一个概念,则所有狗便构成一个类。然后,他用 $x,y,z,\cdots$ 表示类(相当于集合),符号 $X,Y,Z,\cdots$ 则代表个体元素。$x=y$ 表示两个类具有相同的元素;xy 表示两个类的交(或积);用 1 表示万有类(全集);用 0 表示空集;用 $1-x$ 表示类 x 的补;用 $x-y$ 表示由不是 y 的那些 x 所组成的类;$x+y$ 表示 x 中和 y 中所有元素所组成的类;关于包含关系(x 包含在 y 之中),他将其表示为:$xy=x$(其中等号表示两个类的同一性)。

接着,为了进行类代数的推理,布尔将下列的基本公式作为推理的前提(相当于符号化了的逻辑公理):

① $xy=yx$

② $x+y=y+x$

③ $x(y+z)=xy+xz$

④ $x(y-z)=xy-xz$

⑤ 如果 $x=y$,则 $xz=yz$

⑥ 如果 $x=y$,则 $x+z=y+z$

⑦ 如果 $x=y$,则 $x-z=y-z$

⑧ $x(1-x)=0$

很显然,第①~⑦条在形式上类似于通常代数算法中的定律,而第⑧条则显示了类代数区别于通常代数的重要特色。

接着,布尔对传统逻辑进行了处理,指出:如果用字母 x 和 y 分别表示事物 X 和事物 Y 的类,则传统逻辑中的四种基本命题可分别表示为:

A:凡 X 都是 Y,$x(1-y)=0$

E:凡 X 都不是 Y,$xy=0$

I:有的 X 是 Y,$xy \neq 0$

O:有的 X 不是 Y,$x(1-y) \neq 0$

然后,布尔将前述的 8 条逻辑公理加上用类公数表述的 4 条传统逻辑基本命题作为推理的前提(类代数的公理),由此出发,推导出类代数系统。其目的是应用数学方法(符号化、代数化)研究形式逻辑(传统逻辑),将传统逻辑中的一切推理表述为逻辑代数(类代数)的演算,最后将传统逻辑代数化。

3. 布尔的二值代数

对于表示式 $x^2 = x$ 或 $x \cdot x = x$,它在类代数的演算中表示:一个类与自身相交等于它自身。但是,在通常代数的数量范围内,只有当 $x = 1$,或者 $x = 0$ 时该式才成立。由此,布尔联想到有望参照 0 和 1 的运算可建立起所希望的逻辑代数系统。他写道:"让我们想象一种代数,在其中符号 x,y,z 等取不同的值 0 和 1,并且仅取这两个值。这种代数的规律、公理和过程在整个范围上等同于逻辑代数的规律;公理和过程不同的解释仅仅是它们的分界线。"因此,布尔对他的逻辑代数作出了"二值代数"的解释。

由于前述的 8 条公理没有将全类或万有类($x = 1$)和空类或空集($x = 0$)列入其中,所以,布尔对 x,y,z,$\cdots$ 加了一条仅取 1 和 0 的限制,并将⑨$x \cdot x = x$ 或 $x^2 = x$ 和⑩$x = 1$ 或 $x = 0$ 加于前 8 条公理之后。这样一来,由这 10 条逻辑公理(不允许作类解释)出发,便可推导出二值代数系统。

例如,对于表达式

$$f(x) = ax + b(1-x)$$

假设 x 仅取值 1 和 0,则有

$$f(1) = a, f(0) = b$$

于是 $\quad f(x) = f(1)x + f(0)(1-x)$(称为 x 的展开式)

然后,为消去 x,令 $f(x) = 0$,得

$$f(1)x + f(0)(1-x) = 0$$

或 $\quad x = \dfrac{f(0)}{f(0) - f(1)} \quad\quad 1 - x = \dfrac{-f(1)}{f(0) - f(1)}$

由公理⑧$x(1-x) = 0$,得

$$f(0) \cdot f(1) = 0$$

4. 布尔的命题代数

布尔在《逻辑的数学分析》中还对逻辑代数作出了命题代数的解释。他指出:"……选择符合 x,y,z,$\cdots$ 适合于表示命题的符号 X,Y,Z,$\cdots$。假设全域为 1,选择符合 x 则将选出那些在其中命题 X 是真的,……如果我们只限于考察一个给定的命题 X,那么,命题 X 或者为真($x = 1$),或者为假($x = 0$);如果我们把 X 和 Y 结合起来,则 xy 便表示 X 和 Y 的和取(X 且 Y)的真值,$x + y$ 则表示 X 和 Y 的不相容的析取(X 或 Y)的真值

(因为布尔的类的 $x+y$ 是表示两个没有公共元素的类),$1-x$ 表示命题 X 的否定,布尔的命题代数没有"蕴涵"的符号,$x(1-y)=0$ 则可用于表示 X 蕴涵 Y 的真值。"

5.布尔及其逻辑代数的主要贡献

布尔及其逻辑代数主要是受到 19 世纪以来代数的抽象化中的新的代数观点之启发,采用了"符号和运算可用来表示任何事物"的形式代数,并将其应用于逻辑关系的描述和逻辑推理的演算。从逻辑的代数化视野出发,其主要贡献为:

其一,重启了 17 世纪莱布尼茨的逻辑的数学化(语言的符号化和思维的演算化)进程,为逻辑的数学化(逻辑演算)的实现奠定了新的基础,提供了新的动力。

其二,引进了相当于集合的"类"逻辑的概念,并将逻辑代数解释为类代数,不仅用类代数取代了传统逻辑,而且将类代数推广至二值代数(人称"开关代数",在后来电路设计和计算机科学中得到广泛的应用)与命题演算(开创了以"命题"为研究对象的命题演算系统)。

但是,与其他重大发明一样,布尔及其逻辑代数也不可避免地存在着若干历史的局限与不足,主要有:

第一,布尔的逻辑代数是建立在形式代数的基础上的,就解释而言,它总存在一些无法予以逻辑解释的东西,其符号与演算的建立并不能显示思维过程的演算化。

第二,类代数中的逻辑和($x+y$)是不相容的;逻辑蕴涵的符号是没有的;命题演算是很不充分的,并且没有将它从类代数中独立出来。

第三,就研究对象而言,布尔还未能将真正摆脱传统逻辑关于主谓式结构的束缚,忽视了德·摩根开创的关系逻辑对传统逻辑的突破。

1.2.3 布尔代数的拓展

布尔创立的逻辑代数虽然存在着若干局限与不足,但是在逻辑的数学化的历史进程中却起到了承上启下的重要作用。因此,在布尔代数的基础上,众多数学家和逻辑学家致力于对布尔逻辑代数的拓展,其中值得一提的有四个方面:

1.杰芳斯建议用相容的逻辑和代替布尔的不相容的逻辑和

英国的逻辑学家杰芳斯(Jevons,1835—1882)在他的《纯逻辑,或没有量的质的逻辑》(1864)中,建议用相容定义上的逻辑和来代替布尔的不相容的逻辑和。亦即将布尔的不相容的"或"(符号" + ")改为相容性的对出现在 + 号两边的记号不加任何限制。这样,可简化布尔代数,并可建立起逻辑和与逻辑积之间存在着的完全对称的关系,如:

幂等律:$x+x=x, x \cdot x = x$;

交换律:$x+y=y+x, x \cdot y = y \cdot x$;

结合律:$(x+y)+z=x+(y+z),(x \cdot y) \cdot z = x \cdot (y \cdot z)$;

分配律：$(x+y) \cdot z = x \cdot z + y \cdot z, (x \cdot y) + z = (x+z) \cdot (y+z)$；

$\vdots$

此外，又有：$x+1=1, x \cdot 1 = x, x+0=x, x \cdot 0 = 0$。

2. 文恩引进了类代数的图解（文恩图）

英国的另一位逻辑学家文恩（J. Vemn, 1834—1923）在1881年出版的《符号逻辑》中引进了利用相交区域的图解，来解释布尔代数的类与类之间的关系及命题的真值条件之间的关系。他用正（长）方形来表示论域，用圆形区域（或其他图形）来代表各个类。例如类 x，它的补 $\bar{x}$ 及类 x 与 y 的并和交可分别表示为图1-3（a）（b）所示。

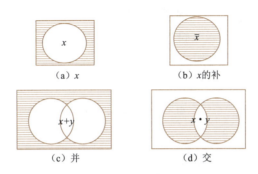

图1-3　类 x 的补及其与 y 的并和交

然后，可用图1-4所示方法来表示 x、y 的四种基本的命题形式。

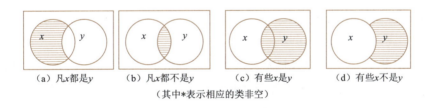

（a）凡 x 都是 y　　（b）凡 x 都不是 y　　（c）有些 x 是 y　　（d）有些 x 不是 y
（其中 * 表示相应的类非空）

图1-4　x、y 的四种基本命题形式

由此可见，利用文恩图可以很容易对布尔代数中的公式进行检验。

3. 麦柯尔将命题演算从类代数中独立出来

英国的逻辑学家麦柯尔（H. Mecoll, 1837—1909）针对布尔代数没有明确区分类代数和命题代数，对命题演算的探索很不充分，将命题演算从类演算中独立出来，其主要贡献是：

第一，为命题演算设计了一个符号系统，他用字母和字母的组合表示命题及其演算，并给出了以下定义：

① 符号 $A, B, C, \cdots$ 代表命题，$A=0$ 表示 A 是假的，$A=1$ 表示 A 是真的，$A=B$ 表示 A 和 B 是等价的。

② 符号 $A \times B \times C$（简记为 ABC），表示由命题 A, B, C 组成的复合命题，等式 $ABC=0$

表示 A,B,C 这三个命题并非都为真，$ABC=1$ 则表示这三个命题都为真。"×"实际上是命题演算中的"合取号"。

③ 符号 $A+B+C$ 表示命题 A,B,C 所组成的另一复合命题，等式 $A+B+C=0$ 表示命题 A,B,C 都为假，$A+B+C=1$ 则表示这三个命题并非都是假。"+"实际上是命题演算中的"析取号"。

④ 符号 A' 表示命题 A 的否定。A 和 A' 的关系是：
$$A+A'=1, \quad A \cdot A'=0$$

然后，从 ①~④ 出发，建立起命题演算的若干规则。

第二，引进了命题演算中的"蕴涵"概念，布尔未能在命题演算中引进在推理中具有特别重要地位的蕴涵关系及其符号。麦柯尔针对这一不足，引进了他的用符号表示的"蕴涵"概念(不同于现代通用的"实质蕴涵")。

他用符号 $A:B$ 表示命题 A 蕴涵命题 B，或"如果 A 是真的，则 B 也是真的"，并在注释中说：$A:B$ 等价于等式 $A=AB$ (如果 A 为真则 B 也真)。然后，对蕴涵的关系进行了讨论，并提出了一些规则：

如：$A:B$，则 $B':A'$。

如：$A:B$，则 $AC:BC$，其中 C 是任意命题。

如：$A:\alpha, B:\beta, C:\gamma$，则 $ABC:\alpha\beta\gamma$ (这对于任意多个蕴涵式也是成立的)。

如：$AB=0$，则 $A:B'$，且 $B:A'$。

如：$A:B$ 且 $B:C$，则 $A:C$。

4. 皮尔斯对布尔代数的拓展

皮尔斯(Peirce,1839—1914)是美国著名的逻辑学家和数学家。在其早期的逻辑著作中，他对布尔的逻辑代数进行了改进。其最为重要的贡献则是把代数方法应用到德·摩根开创的关系逻辑，将布尔代数推广到关系逻辑的新领域。其逻辑代数的主要论文编在《皮尔斯全集》第三卷《精确逻辑》之中。

其一，1867 年首先把算术加与逻辑加严格区别开来，主张采用逻辑加的相容性，并取消了逻辑代数中的减法与除法运算，给出了等同、逻辑加、逻辑乘、算术加、算术乘的定义以及 0 表示空类，1 表示全类的约定。

其二，1870 年皮尔斯引进了"类包含"的概念，他用符号 $\prec$ 表示"包含于"(即"$\subseteq$"的意思是相同的)，并指出"包含于"是一种传递的关系，亦即如果 $x \prec y$ 且 $y \prec z$，则 $x \prec z$。接着，他用 $\prec$ 定义了"$x=y$"就是 $x \prec y$，并且 $y \prec x$，"$x<y$"就是 $x \prec y$，并且并非 $y \prec x$ ("小于"实质上是"真包含于")；"$x>y$"就是("大于"实质上是真包含)。

然后，他推出了许多有关包含关系的定理。

其三，1880 年皮尔斯用 $\prec$ 表示命题之间的蕴涵关系或者推出关系。他把表达类之间包含关系的真言命题转化为假言命题。使传统逻辑的四个真言命题用下列形式表达：

A，$a \prec b$，每一 a 是 b；

E，$a \prec \bar{b}$，无 a 是 b（$\bar{b}$ 表示非 b）；

L，$\bar{\bar{a}} \prec b$，有 a 是 b（$\bar{\bar{a}}$ 表示有 a）；

O，$\bar{\bar{a}} \prec \bar{b}$，有 a 不是 b。

在这里，皮尔斯把 $\prec$ 表示为形式蕴涵的符号，并解释说："如果 A 那么 B"只是说"没有 A 真而 B 假的情形"（亦即现在通用的实质蕴涵的概念）。

然后，他根据他的蕴涵关系，推出关系，构造了一种以系词 $\prec$ 为主要关系的命题代数。

其四，皮尔斯最重要的贡献是在研究德·摩根开创的关系逻辑的基础上，独立地引进了"量词"的概念。在 1883 年的《关系词逻辑》中，他在他的关系代数中使用了存在量词和全称量词，指出了它们分别表示"有一个"和"每一个"，并引进了相应的符号（用"$\sum$"表示存在量词，用"$\prod$"表示全称量词）。然后，提出了逻辑演算的一些重要原理。但是，遗憾的是他独立创立的量词理论略迟于弗雷格 1879 年出版的《概念语言》。所以，在数理逻辑发展史上，第一个全面系统地建立量词理论的荣誉归于弗雷格。

1.3 弗雷格的逻辑演算

至 19 世纪末，针对传统逻辑的局限与不足进行改进、拓展与变革的过程已取得如下重大突破：

① 德·摩根的关系逻辑突破了亚里士多德的以"是"为中心的三段论。

② 布尔的逻辑代数在莱布尼茨逻辑的数学化设想的基础上，实现了逻辑的代数化，并首次引进了"命题演算"的概念。

③ 弗雷格和皮尔斯独立创立的"量词理论"，为实现莱布尼茨逻辑的数学化（亦即逻辑演算）打下了基础，开辟了道路。

在此基础上，法国数学家弗雷格于 1879 年发表与出版了《概念语言——一种按算术的公式语言构成的纯思维公式语言》（以下称《概念语言》）这一重要著作，其中首次引进了函项与量词的概念，初步建立起命题运算和谓词演算系统。这标志着逻辑的数学化已基本实现，数理逻辑的共同基础已基本形成，弗雷格成为数理逻辑的第三创始者或奠基人。

弗雷格是逻辑主义学派主要代表人物之一。其主要著作除《概念语言》外，还有《算术基础——对数概念的逻辑数学研究》（1884）、《算术的基础规律》（第一卷 1893，第二卷 1903），以及多篇论文。

弗雷格的《概念语言》的主要目的是试图从逻辑演算推出算术,进而导出全部数学。为此,作为第一步,必须创立逻辑演算。于是,在布尔的逻辑代数的基础上,弗雷格将逻辑和数学(算术)结合起来,按逻辑的数学化的思路致力于"一种按算术的公式语言构成的纯思维公式语言"的研究,创立了逻辑演算。其主要贡献有三个方面。

1.3.1 首次引进了命题函项和量词的重要概念

传统逻辑没有量词的概念,德·摩根突破传统逻辑以"是"为中心的三段论,开创了关系逻辑的研究,弗雷格则在关系逻辑的基础上,首次引进了"函项"和"量词"概念,从而将以"命题"为研究对象的数理逻辑,推进与深入至以"命题内部的关系与性质"(谓词)为研究对象。

1. 关于函项和变元的概念

引进函项和变元的概念来代替传统的主项与谓项的概念,是弗雷格的一个重大贡献。在《概念语言》中,弗雷格说:"如果一个表达式中(表达式的内容不一定可变成一个判断),一个简单的记号或复合的记号有一个或多个出现,并且如果我们把那个记号看成是可以用另一个其他记号替换的,那么我们把在表达式中保持不变的部分称为函项,可替换的部分称为函项的变元。"

例如,语言表达式"3>2"中,"3"是可替换的,于是得到具有一个变元的函项"…>2"。如果把其中"3"和"2"都看成是可替换的,则得到了具有两个变元的函项:"…>…"。由此可见,弗雷格的函项是关于命题内部的关系与性质的概括,借用数学中函数的概念,函项是指含有变元 x 的函数 $f(x)$(谓词)是不确定的。而函项运算(谓词运算)是指 f 或 $f()$,是具有空位的,但它是确定的。然后在《概念语言》中,弗雷格将 $f(a)$ 称为含有一个变元 a 的不定函项,$f(a,b)$ 是含有二个变元 a,b 的不定函项……于是,他的函项是多元的。

由上可见,弗雷格不仅给出了函项(谓词)的概念,而且把函项和函项运算(谓词运算)区分开来,将函项运算(算法)从函项(函数)中独立出来,并将其作为独立的研究对象,这显示了弗雷格的函项概念是现代可计算理论(算法理论)的先声。

2. 关于量词理论的研究

弗雷格提出函项理论的主要目的就是把它应用于量词理论,因为在函项理论的基础上,谓词是带有空位的函项运算,可以使用诸如"A,B 有关系 R""A,B,C 有关系 R"等的关系逻辑。所以,不管对函项的变元如何构成,函项是一个事实。这就是说,对所有 a 而言,如果是函项 f,则可称其为全称量词。以全称量词为基础,如果并非所有 x 都不是函项 f(即有 a 是 f),便称其为存在量词。于是,弗雷格成为历史上第一个独立的引进量词理论的学者(皮尔斯于1883年独立地提出了量词理论)。量词的引入,有了"所有"与"有些"这一类词,数理逻辑式子的表达能力便大大加强,数学上一切推理逻辑过程才能充分地表达出来,同时引进了"约束变元"的概念(不是变元,其作用在于表达各种性质或关系,显示数理逻辑式子内的约束关系)。

1.3.2 创造了一种严格的形式语言(概念语言)

弗雷格认为:为建立逻辑运算必须首先创造一种严格的形成语言(以算术为模型的纯思维的符号语言),从而实现语言的符号化和思维的演算化。因此,他扬弃了布尔逻辑代数及其符号语言的局限性,提出了他的"概念语言"。

1. 断定符号 ⊢

弗雷格最先发现了一个命题的叙述和肯定它为真,这二者之间是有区别的,并指出了:命题总是非真即假的,而"命题的叙述"(命题函数)则并不如此。于是,他用 ⊢ 符号放在命题的前面,表示该命题的叙述是肯定的。据此,"⊢ a"表示命题 a 是一个肯定的断言。其中:

" | "称为判断短线;

"—"称为内容短线,表示命题 a 的内容表述;

"⊢"是一个断定符号,如果去掉判断短线"|",那么"-"表示内容短线右方的记号所表达的内容是没有加以断定的。

2. 蕴涵词和初始联结词

弗雷格所应用的命题联结词仅是蕴涵和否定词。对此,他分别引进了如下符号:

"— a"表示命题 a;

"⊤ a"表示命题 a 的否定,即非 a;

"⊢ b a"表示命题 a 蕴涵 b。

然后,由此出发定义了其他一些初始联结词,如下:

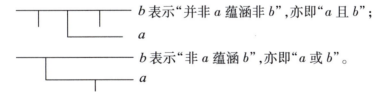

上图 b 表示"并非 a 蕴涵非 b",亦即"a 且 b";

下图 b 表示"非 a 蕴涵 b",亦即"a 或 b"。

3. 符号 ≡ 的含义

弗雷格说:"⊢ $(a \equiv b)$ 意为记号 a 和记号 b 具有同样的概念内容,使得我们总能用 b 或 a 换成 a,反之亦然。"后来,他把符号 ≡ 改为 =。= 看成名称的所指之间的关系,相当于等词,用于命题的所指(其值),相当于等值符号 ↔。

4. 函项和量词

在概念语言中,弗雷格将函项表示为 $f(a)$;用 $f(\ )$ 表示函项运算;

全称量词的符号是:

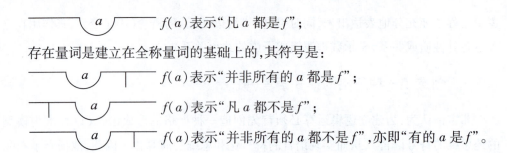

存在量词是建立在全称量词的基础上的,其符号是:

$f(a)$ 表示"并非所有的 a 都是 f";

$f(a)$ 表示"凡 a 都不是 f";

$f(a)$ 表示"并非所有的 a 都不是 f",亦即"有的 a 是 f"。

1.3.3 应用公理化方法建立起一阶谓词演算系统

在引进函项和量词概念,创立了一种严格的形式语言的基础上,弗雷格应用数学的公理化方法,从少量的最基本、最简单的诸如排中律、矛盾律等符号化了的概念与公理(逻辑真理)出发,建立必要的推理规则,一步一步地推出新的定理,使他所创立的逻辑演算成为所有这些逻辑规律(或逻辑真理)所构成的形式系统。为此,他做了以下工作:

第一,提出了九条公理。

按照《概念语言》中提出的九条公理及其所采用的编号数(其中编号数,即为《概念语言》中所采用的编号数),这九条公理是:

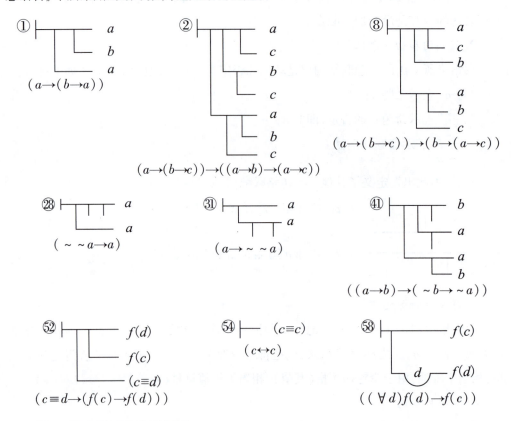

第二,给出了四条推理规则。

为了从公理出发,推出新的断言(定理),弗雷格给出了如下四条推理规则:

① 分离规则：⊢a 和 ⊢b，得到新的判断 ⊢。

② 代入规则：弗雷格在推理中使用了，但没有加以严格的表述。

③ 后件概括规则：从 $f(a)$ 可推出 $x\ f(x)$，亦即如果 a 不在表达式 A 中出现且仅在 $f(a)$ 的变元位置上，则从 $A \rightarrow f(a)$ 可推出 $A \rightarrow \forall x\, f(x)$。

④ 后件限制规则：从 $B \rightarrow (A \rightarrow f(a))$ 可推出 $B \rightarrow (A \rightarrow \forall x\, f(x))$（这是规则③的推广）。

为了尽可能地减少推理规则的数目，弗雷格对上述四条推理规则特别强调分离规则。

第三，建立起逻辑演算系统。

从九条公理出发，按四条推理规则（尤其是分离规则），进行由简单到复杂的大量推导，得出了许多定理。直至建立起由这些公理和定理（逻辑规律）所构成命题演算和一阶谓词演算系统。其中只有九条公理前 6 条和推理规则①和②构成的称为命题演算系统（一阶谓词演算的子系统）。

对于弗雷格创立的逻辑演算系统（一阶谓词演算系统），莫绍揆在《数理逻辑初步》评论道：它"完备地发展了命题演算，又几乎很完备地发展了谓词演算，可以说数理逻辑的整个基础到弗雷格手里已经接近于完成，只需在谓词演算中添入一条规则，那就基本上和今天所使用的谓词演算毫无差异了"。也就是说弗雷格的逻辑演算系统已较为完整地建立起命题演算和谓词演算系统，基本上实现了莱布尼茨的逻辑的数学化构想。

当然，弗雷格的逻辑演算也具有一定的局限性，主要是：

① 公理系统是完备的，但却不具独立性，例如，前二条公理可推出第三条公理。

② 除分离规则外，对其他推理规则没有给出严格的表述或足够的重视，而且没有明确谓词变项的代入法则。

③ 最主要的是弗雷格所设计与采用的形式语言与符号，既不是历来的，也不同于当代与迄今所使用的。致使他的《概念语言》根本没有得到人们的注意，更不知它有何意义。

1.4 命题演算和谓词演算系统的完善

在弗雷格创立了逻辑演算系统之后，对逻辑演算作出进一步改进与完善的有意大利数学家兼逻辑学家皮亚诺（Peano，1858—1932），英国著名数学家罗素（Russell，1872—1970，见图 1-5），他是逻辑主义学派的主要代表人物与德国著名数学家、形式主义的鼻祖希尔伯特。其中，最为主要的是罗素。

图 1-5 罗素

1.4.1 皮亚诺的符号体系

皮亚诺独立于弗雷格,在数理逻辑和数学基础的研究方面取得了许多重要成果。其中对逻辑演算的进一步完善作出了如下贡献:

其一,创立了一套简单而易懂的符号体系。

在他的《算术原理》(1889 年)中,他将公理方法应用于逻辑研究,采用了一套简单而明了的符号,如下:

P　　命题

P_P　　原始命题

Def　　定义

∩　　且(合取符号)

∪　　或(析取符号)

−　　否定或非

⊃　　蕴涵或包含

=　　等值

∧　　空集

∨　　全集

这一套符号体系不仅克服了弗雷格符号的复杂性与不明性,而且被人们广泛地采用,其中有一些一直沿用至今。

其二,公理化的思想方法。

皮亚诺是现代公理化方法的创建者之一,他在《数学公式》(1894 年)等著作中明确地提出了初始概念(命题),与从属概念(导出命题或定理)的区分及其相对性,并指出:如果把一切科学概念排成一定的次序,则它们并不都是定义的而必须从某些不可定义的人们公认而明了的初始概念出发,通过它们的组合,推导出其他命题或定理。

据此,他在算术理论公理化中,提出了著名的三个初始概念和五条自然数公理,并将其作为自然数论的出发点。

三个初始概念:0,数,数的后续。

五条公理:

① 0 是数;

② 一数的后续是数;

③ 任何两个数的后续都不相同;

④ 0 不是任何数的后续;

⑤ 任一性质,如果它属于 0,也属于具有它的任一数的后续,那么它就属于一切数。

其三,将公理化方法应用于逻辑的研究。

在数理逻辑的研究中,皮亚诺的主要贡献之一是区别了命题演算和类演算。这是两种不同的演算,而不是一种演算的两种解释。在两种演算中,命题演算更为基本。于是,他提出了命题演算的初始命题 P_p:

字母 $a,b,c,\cdots$ 代表命题;

表达式 $a \supset b$ 表示从 a 推出 b;

表达式 $a \cap b \cap c$ 表示 a,b,c 的合取。

然后,他在《数理逻辑》中推出了许多命题演算公式。

1.4.2 罗素进一步完善了命题演算系统

罗素发现与提出了集合论悖论,在应用数学方法研究逻辑方面的主要成果集中在他与怀特海(Whitehead,1861—1947)合作的《数学原理》(1910—1913 年出版的关于哲学、数学和数理逻辑的三大卷巨著)中。

罗素从事数学和逻辑密切结合的数理逻辑的研究,其主要目的和弗雷格不约而同,都是试图从逻辑演算出发,推出算术,进而推出全部数学,最终将数学化归为逻辑。罗素的逻辑演算和弗雷格相比较而言,其严密性不及弗雷格,但罗素接受与采纳了皮亚诺的符号体系,克服了弗雷格复杂而难懂的形式语言与符号的局限性。所以,《数学原理》第一卷第一部分所论述的"命题演算系统"被公认是最为完善的。罗素将其称之为演算理论,亦即完全公理化了命题演算系统,其主要内容是初始概念、初始命题(公理)、推理规则和定理构成的体系。现作如下简要介绍:

1. 初始概念

命题演算是命题与命题之间的演算。而命题是具有真假断言的陈述句。命题的初始概念有:

① 基本命题(或原子命题),用字母 $p,q,r,\cdots$ 表示;

② 符号"="(必要时加上"Def")表示定义;

③ 命题联结词:

否定词(如果 p 是命题,它的否定就是"非 p")表示为 $\sim p$;

析取词(如果 p,q 是命题,p 和 q 的析取就是"p 或 q")表示为"$p \vee q$";

蕴涵词(如果 p,q 是命题,"p 蕴涵 q")表示为"$p \supset q$",或定义为:$p \supset q = \text{Def} \sim p \vee q$;

等值词(如果 p,q 是命题,"p 等值于 q")表示为"$p \equiv q$",或定义为:$p \equiv q = \text{Def}(p \cdot q) \vee (\sim p \cdot \sim q)$。

④ 断定,罗素采用弗雷格的符号 $\vdash$。

2. 公理

① 一个真的基本命题所蕴涵的命题是真的

② $p \vee p \supset p$;

③ $q \supset (p \vee q)$;

④ $(p \vee q) \supset (q \vee p)$;

⑤ $(p \vee (q \vee r)) \supset (q \vee (p \vee r))$;

⑥ 由 p 的肯定和 $p \supset q$ 的肯定可得 q 的肯定。

3. 推理规则

一是,分离规则,即由 $\vdash p$ 及 $\vdash p \supset q$,可得新的断言 $\vdash q$;

二是,代入规则:在任何公理和任何已被推导出的公式中,都可用任一命题表达式去代替其中的命题变元,只要这一代入是对公式中所有变元同时进行的。对此,《数学原理》中采用分数的形式来表示代入:分数的分子表示以什么作代入,分母表示对什么进行代入。分数前面的字母表示代入是在什么公式中进行的。例如,"公式 $b\frac{\sim p}{p}$"表示在上述公理(b)中用 $\sim p$ 去代替 p,从而得到:

$$\sim p \vee \sim p \supset \sim p$$

4. 命题演算系统

从上述六条公理出发,按上述两条推理规则,推导出新命题(定理)。例如,《数学原理》开头,从六条公理出发,按两条规则推出了如下几个定理(数字编号数为原著《数学原理》中所用编号数):

2.01, $(p \supset \sim p) \supset \sim p$(归谬律)

2.05, $(q \supset r) \supset (p \supset q) \supset (p \supset r)$

2.11, $p \supset \sim (\sim p)$(排中律)

2.12, $(p \supset q) \supset (\sim q \supset \sim p)$

然后,再从上述公理和推出的定理出发,按推理规则,继续不断地推导出较为复杂的命题,直至建立起整个命题演算的系统。其过程使任一有穷长的公式序列 $p_1, p, \cdots, p_n$,其中每一个 p_i 都必须满足下列条件之一:

① p_i 是公理;

② p_i 是由先行的公式 $p_k, p_r (k, r < i)$ 应用推理规则推出来的。

(1)赋值

由于在命题演算中,符号化了的基本命题(或形式化公理)是完全不考虑其具体内容的,而命题是具有真假断言的陈述句,于是,为了清楚地说明或展示命题演算的意义,必须通过对命题及其表达式给予"赋值"才能断言该命题及其表达式是真还是假。例如,若命题 p 是不确定的变元,则 $\sim p$ 便是 p 的命题函项。当给 p 赋予真值,则 $\sim p$ 为假。反之,如果给 p 赋以假值,则 $\sim p$ 为真。

(2)真值表方法

由于五个命题联结词有一个共同的特点:新语句的真假值完全由该语句的真假性

所完全决定,因此,这五个联结词称为真假联结词。如果用 T 表示真,用 F 表示假,则有下列真值表表示(见表 1–1 ~ 表 1–5)。

表 1–1　公式 ~p 的真值表

p	~p
F	T
T	F

表 1–2　公式 p∨q 的真值表

p	q	p∨q
T	T	T
T	F	T
F	T	T
F	F	F

表 1–3　公式 p·q 真值表

p	q	p·q
T	T	T
T	F	F
F	T	F
F	F	T

表 1–4　公式 p⊃q 真值表

p	q	p⊃q
T	T	T
T	F	F
F	T	T
F	F	T

表 1–5　公式 p≡q 真值表

p	q	p≡q
T	T	T
T	F	F
F	T	F
F	F	T

这样一来,如果我们从真值的角度来探讨命题演算,那么:

其一,可将上述五个真值表分别视为五个联接词的定义;

其二,任何一个由基本命题 $p_1, p_2, \cdots, p_n$ 经由命题联结词组合而成的复合命题 q,只要其中基本命题的真值已得到了确定(称为一个"指派"),则 q 的真值(函数真值)也就完全确定了,而且为了具体地判定各个复合命题的真值情况,可直接应用真值表方法来加以分析与判定。例如,$p \supset (p \supset q)$ 的真值情况可用表 1–6 分析。

表 1–6　$p \supset (p \supset q)$ 真值表

p	q	p⊃q	p⊃(p⊃q)
T	T	T	T

续上表

p	q	$p \supset q$	$p \supset (p \supset q)$
T	F	F	F
F	T	T	T
F	F	T	T

其三,如果一个复合命题对于其中基本命题的任何可能的取值(即所有的"指派")都为真,则称其为重言式或永真式。

这样,上述提出的命题演算系统的六条公理都是重言式或永真式。

例如,$p \vee q \supset p$ 的真值表见表1–7。

表1–7 公式 $p \vee q \supset p$ 真值表

p	q	$p \vee q$	$p \vee q \supset p$
T	T	T	T
T	F	T	T
F	T	T	F
F	F	F	T

同时,从六条公理出发,按推理规则导出的新的定理也都是重言式或永真式。

例如,排中律 $p \vee \sim p$ 的真值表见表1–8。

表1–8 公式 $p \vee \sim p$ 真值表

p	$\sim p$	$p \vee \sim p$
T	F	T
F	T	T

又如下列各式都是永真式:

① $p \vee p \equiv p, p \cdot q \equiv p$(同幂律)

② $p \vee q \equiv q \vee p, p \wedge q \equiv q \wedge p$(交换律)

③ $(p \vee q) \vee r \equiv p \vee (q \vee r)$

   $(p \cdot q) \cdot r \equiv p \cdot (q \cdot r)$(结合律)

……

因此,由于永真式(重言式)对于基本命题的一切可能的取值都为真,这表明:它真理性与外在事实无关,而是由其内在的逻辑形式唯一决定的,故永真式就是在一定范围内的逻辑真理,命题演算便是由永真式构成的形式系统。

1.4.3　希尔伯特完善了一阶谓词演算系统

罗素不仅进一步完善了弗雷格的命题演算系统,而且独立地建立起一阶谓词演算系统。但是,罗素和弗雷格分别建立的一阶谓词系统存在着一个共同的局限:对谓词变项的代入没有给出明确的规则。于是,希尔伯特和他的学生阿克曼(William Ackermann,1896—1962)于1928年在合著的《理论逻辑基础》中克服了这一局限,并给出了谓词变项代入的明确而严格的规则。为此,这里简单介绍希尔伯特发展一阶谓词演算系统。

一阶谓词演算系统是在命题演算系统(以命题为研究对象)的基础上建立起来的。它深入到命题的内部,将陈述句中的个体属性或个体之间的关系与结构等作为自己的研究对象。

对此,希尔伯特的一阶谓词演算系统和罗素的《数学原理》中所给出的系统是十分接近的,两者只是所使用的符号有所不同,见表1-9。

表1-9　一阶谓词演算系统与《数学原理》所给系统对比

系　统	否　定	析　取	合　取	蕴　涵	等　值
一阶谓词演算系统	$\bar{p}$	$p \vee q$	$p \& q$	$p \rightarrow q$	$p \sim q$
《数学原理》所给系统	$\sim p$	$p \vee q$	$p \cdot q$	$p \supset q$	$p \equiv q$

1. 一阶谓词演算系统中除命题演算中的概念外的概念

① 个体变元:用 $x,y,z,\cdots$ 表示;

② 谓词变元:按照变元多少可分别表示为 $F(x),G(x,y),H(x,y,z),\cdots$;

③ 全称量词:用符号 $\forall x$ 表示;

④ 存在量词:用符号 $\exists x$ 表示;

⑤ 自由变元和约束变元:x 在 $F(x)$ 的辖域中,称为约束变元,否则便称为自由变元;

⑥ 谓词表达式:由谓词符号、个体变元、量词符号、逻辑运算符号(命题演算的五个联接词)按一定规则组合而成的公式,称为谓词表达式。

2. 公理

希尔伯特共采用了六条公理(前四条是命题公理,后两条是量词公理)。

① $X \vee Z \rightarrow Z$("$\rightarrow$"表示蕴涵);

② $Z \rightarrow Z \vee Y$;

③ $Z \vee Y \rightarrow Y \vee Z$;

④ $(Z \rightarrow Y) \rightarrow (Z \vee X \rightarrow Z \vee Y)$;

以上的 $X,Y,Z,\cdots$ 表示命题变元。

⑤ $\forall x F(x) \supset F(y)$;

⑥ $F(y) \supset \exists x F(x)$。

3. 推理规则

① 分离规则(同命题演算)。

② 命题变元代入规则:与命题演算中的代入规则基本相同,但要求所作的代入不会改变原来的约束关系。

③ 自由个体变元代入规则:任何公理和任何已被推导出来的公式中的自由变元都可用另一个体变元代替,只要这种代入是在这一自由变元出现的一切位置上同时进行的,而且所作的代入不会改变原来的约束关系。

④ 谓词变元代入规则:任何公理和任何已被推导出来的公式中n元谓词变元都可处处用另一谓词来代替,只要原来的n个变元在这一谓词中是自由的,而且所作的代入不会改变原来的约束关系。

⑤ 后件概括规则:如果公式 $A \supset B(x)$ 已经得到断定,并且 x 不在 A 中自由出现,那么,公式 $A \supset \forall x B(x)$ 就得到了断定。

⑥ 前件存在规则:如果公式 $A(x) \supset B$ 已经得到了断定,并且 x 不在 B 中自由出现,那么,公式 $\exists x A(x) \supset B$ 也就得到了断定。

⑦ 约束个体变元易名规则:任何公理和任何已被推导出来的公式中,约束变元可以改为另一个体变元,只要这种改换不会影响原来的约束关系。

这样一来,谓词变元的代入便有了严格而明确的规则。

4. 谓词演算系统

从上述六条公理出发,按七条推理规则,有序而不断地推导出从简单到复杂的谓词表达式。为此,希尔伯特提出了六条谓词演算中符号组合的生成规则。

① 命题变元是合式公式。

② 如果 F 是 n 元谓词变元,$x_1, x_2, \cdots, x_n$ 为个体变元,则 $F(x_1, x_2, \cdots, x_n)$ 是合式公式。

③ 如果 A 是合式公式,则 $\sim A$ 也是合式公式。

④ 如果 A, B 是合式公式,则 $A \vee B$ 也是合式公式(由于 $A \wedge B, A \rightarrow B, A \equiv B$ 都可借助于 $A \vee B$ 得到定义,故不必再作规定)。

⑤ 如果 A 是合式公式,个体变元 x 在其中是自由的变元,则 $\forall x A(x)$ 也是合式公式(由此,也可以得出 $\exists x A(x)$ 也是合式公式)。

⑥ 只要符合上述的都是合式公式(注:谓词演算中的"合式公式"相当于命题的永真式)。

于是,从公理出发,按推理规则和这些生成规则,从简单到复杂进行地推理或证

明使:

任一有穷长的公式序列 $p_1, p_2, \cdots, p_m$,其中每一个 $p_i(i=1,2,\cdots,m)$,必须满足下列条件:

① p_i 是公理。

② p_i 是由 $p_k, p_r(k, r < i)$ 施行推理规则而获得的。

③ p_i 是由 $p_k(k < i)$ 施行全称量词而得的。

④ p_i 是由 $p_k(k < i)$ 施行存在量词而得的。

最后,$p_m = B$ 便是推导出来的结论公式,或证明的新定理。

5. 普遍有效公式

与命题演算的真值性一样,谓词演算也有一个真值性的问题。命题演算中有一个"指派"的概念,而谓词演算的真值性分析,则需要引进一个"解释"的概念。亦即对一阶谓词演算的语义进行分析,首先必须有一个"解释域"或"定义域"作为断言谓词表达式真假的依据,并明确规定个体变元的取值范围(非空的个体域)。有了解释域或定义域之后,解释域中的对象才能替代公式中的自由变元,进而才能用确定的性质与关系去替代公式中所包含的谓词。

一般而言,经这样的解释之后,公式中已无自由变元,公式的真假值可以确定。如果经解释后,仍有自由变元,则需要对公式进一步赋值才能使其成为确定的(所谓"赋值"是在个体域中选择一组个体分别代入公式中的自由变元处,使赋值后的公式具有确定的真假值)。

例如,设有等式:

$$x - y = y - x$$

对其建立解释:

① 个体域 D:全体整数;

② 二元函数之一:整数的减法;

③ 二元函数之二:整数的相等关系。

在此解释下,如果以 3 赋值 x 和 y,则此式为真。如果以 4 赋值 x,以 5 赋值 y,那么此式为假。

因此,需要给出下列的定义:

定义 1:如果公式 A 至少在一种解释下,有一个赋值为真,则称 A 是可满足的。

定义 2:如果公式 A 在所有解释下的所有赋值均使其为真,则称 A 是普遍有效公式(或重言式)。

定义 3:如果公式 A 在所有解释下的所有赋值均使其为假,则称 A 是永假式(矛盾式)。

根据上述定义,一阶谓词演算的公理都是普通有效式。从公理出发,按上述推理规则而导出的定理也是普遍有效地。于是，一阶谓词是一个由普遍有效式构成的形式系统。

由于在谓词演算中，依靠赋值来检查公式的普通有效性是非常困难的。这里，举若干例子，可从直觉上判明它们是普通有效公式。

① $\forall x A(x) \supset \exists x A(x)$；

② $\forall x(A(x) \wedge B(x)) \equiv \forall x A(x) \wedge \forall x B(x)$；

③ $\exists x(A(x) \vee B(x)) \equiv \exists x A(x) \vee \exists x B(x)$；

④ $\forall x A(x) \vee \forall x B(x) \supset \forall x(A(x) \vee B(x))$；

⑤ $\exists x(A(x) \wedge B(x)) \supset \exists x A(x) \wedge \exists x B(x)$；

……

至此，在弗雷格的逻辑系统的基础上，经皮亚诺、罗素和希尔伯特的充实与完善，逻辑演算系统（命题演算和谓词演算系统）已完全实现了布莱尼茨的逻辑的数学化构想，并为20世纪创立、形成与发展的现代数理逻辑提供了共同的基础。

第 2 章 集合论公理化

1820 年开始,部分数学家和逻辑学家关注并致力于传统逻辑的改进与变革,沿着莱布尼茨首创的逻辑的数学化构想,于 1879 年由弗雷格创立了逻辑演算系统(命题演算和谓词演算系统),为数理逻辑奠定了逻辑基础。大部分数学家则全神贯注地投入了分析严密化、代数抽象化、几何非欧化。在分析严密化的深入研究过程中,特别是 1874 年康托尔(Cantor,1845—1918,见图 2-1)在实数论和无穷级数收敛性问题的深入研究中,创立了具有里程碑意义的古典集合论,不仅为数理逻辑,而且为整个数学奠定了理论基础。

但是,康托尔创立的古典集合论,在给出"无穷集合"概念的描述性定义中,采用了未加任何限制的外延原则与概括原则,使用了诸如总体、整体等在本质上和集合是同义的或等价的语言来对其进行直观而朴素的陈述,所以,其中隐存着逻辑与语义上的矛盾。

由于康托尔的古典集合论突破了自古以来人们所公认的实数的有限性和潜无穷的极限论,发现与提出了有违常规的深奥莫测的无穷集合及其超限数。因此,从创立之日开始,不同立场与观点的争论便存在着,进而发现了诸如"一切集合的集合"的悖论,最后引发数学史上比前二次危机更为全面、更为深刻的第三次危机(集合论悖论)。

图 2-1　康托尔

为排除第三次数学危机,数学家和逻辑学家们试图创建一种足以能避免悖论的新理论与方法。于是,这一探索过程实现了集合论的公理化,为数理逻辑主要内容之一的《公理集合论》的问世奠定了基础与动力。

本章论述从古典集合论的创立到集合论的公理化。

2.1 古典集合论的创立

19世纪以来,大多数数学家在全神贯注地从事分析严密化的过程中,随着极限论与实数论的创立,一般认为:不仅数学分析,而且整个数学都已经达到了严密化。在这一宏观背景下,康托尔为寻找非普通实数的新的"数",在深入研究实数论,特别是无穷级数收敛性问题中,于1874年创立了有违传统观念的具有划时代意义的"古典集合论"。

康托尔是德国数学家,集合论的创始人。他致力于数论的研究,后对函数的三角级数表示式的唯一性问题感兴趣。1872年,他发表了《关于三角级数中的一个定义的推广》引进了无穷点集的概念,并定义了极限点、第二导集……1874年在《数学杂志》上发表了关于无穷集合理论的一篇革命性的论文。接着,连续在该杂志和《数学年鉴》上发表了他的"集合论"和"超限数"方面的论文,直至1897年。

2.1.1 康托尔的实无穷集合及其造集原则

对于什么是"无穷集合",康托尔拒绝自古以来只承认潜无穷的偏见,自称自己置于"关于无穷大的流行观点以及关于数的性质公认意见的对立面",旗帜鲜明地宣称:"无穷集合是一个实在的整体"。

1. 集合是一个实在的"被人的心智思考的整体"

康托尔发表的论文中提出:集合是"一些确定的,不同东西的总体。这些东西是人们能意识到并且能判断其是否属于这个总体"。强调集合是一个实在的、"被人们心智思考的整体"。指出:"一些确定、不同东西的总体",是通过"心智思考"而"概括"出来的具有某种性质的"整体"(注:这种使用诸如总体、整体等在本质上和集合是同义的或等价的语言来描述或定义集合的概念,是一种同义反复或重言式的定义,隐藏着语义或逻辑的矛盾)。从这一描述性的定义出发,康托尔指出:极限论实际上是依赖于一个逻辑上优先的实无穷(实数集),"无理数是有理数序列的极限是以有理数集合的存在为前提的",因为有理数系列在不断延伸的过程中,通过"心智思考"可将其"穷竭"为一个实在的整体。

2. 康托尔的概括原则

康托尔创立古典集合论的主要思想方法之一,是使用了造集的概括原则。所谓概括原则是:

① 确定满足某一性质 P 的对象(或元素)。

② 将满足性质 P 的那些对象(或元素)"汇集成整体"。

③ 集合的生成。

如果用小写字母 $a,b,c,\cdots$ 表示集合的元素;用大写字母 $A,B,C,\cdots$ 表示集合,则具有性质 P 的那些元素 a 经"汇集作用"构成的集合 A,可表示为:

$$A = \{a | P(a)\}$$

其中"|"左边的 a 表示集合 A 的任一元素,而"|"右边的 $P(a)$ 表示 A 的元素 a 具有性质 P,$\{\ \}$ 则表示把所有具有性质的 P 的对象 a 汇集成一个集合。

3. 集合的概念及其类别是由它的元素决定的

集合是由具有某一性质 P 的元素组成的。元素则可以理解为存在于世界上的客观事物(包括具体的与抽象的)。集合中的元素既是确定的,又有相互不同的,集合的类型则是由它的元素个数决定的。

① 无穷集:是由无限多个具有性质 P 的元素构成的。由于它所含的元素难以一一罗列,只能描述其为由具有性质 P 的所有元素生成的,如自然数集:

$$\mathbf{N} = \{0,1,2,3,\cdots,n,\cdots\} \text{ 或 } \mathbf{N} = \{n | n \text{ 为自然数}\}$$

② 有限集:是由有限多个具有性质 P 的元素构成的。其表示方式一般采用枚举法——列出。如 A 是小于 10 的自然数所构成的集合,表示为:

$$A = \{0,1,2,3,\cdots,9\}$$

③ 单元集:只含一个元素的集合,记为 $\{a\}$(不同于元素 a)。

④ 空集:不含任何元素的集合,记为 $\varnothing$(不同于 $\{\varnothing\}$)。

⑤ 交集:如果集合 A 的每一个元素都是集合 B 的元素,并且集合 A 的元素个数小于集合 B 的元素个数,则称 A 是 B 的子集,记为 $A \subset B$ 或 $B \supset A$。

⑥ 等集:如果集合 A 的元素都是集合 B 的元素,集合 B 的元素都是集合 A 的元素,则称集合 A 和集合 B 是相等的,记为 $A = B$。

4. 集合的简单运算

两个集合之间按某种规则,通过简单运算可生成新的集合,据此,康托尔定义了集合的简单运算:并、交、差、和、补、空,如图 2-2 所示。在此基础上,可给出集合运算的基本公式。

2.1.2 应用一一对应原则引进了"势"的概念

在提出实无穷集合概念和造集的概括原则之后,为建立起两个集合之间的"等价"和"大小"等概念,康托尔将"一一对应"的原则应用于无穷集合,首次提出了集合论中的"势"(后改为"基数")这个重要而关键的概念。

首先,康托尔给出了他的一一对应关系的原则:任给两个集合 A 和 B,如果存在某一规则 f,对于每个 $a \in A$,由 f 必有确定的 $b \in B$ 与之对应,反之亦然,则称集合 A 和集合 B 的元素之间在规则 f 下建立了一一对应的关系。

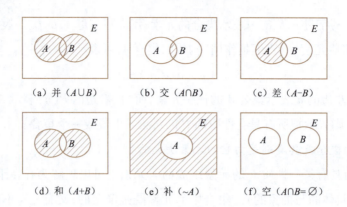

图2-2 集合的简单运算

接着,康托尔应用一一对应原则引进了"势"的概念,他指出:如果集合 A 和集合 B 的元素之间能建立起一一对应的关系,则称 A 和 B 是等价的,记为 $A \Leftrightarrow B$。如果 $A \Leftrightarrow B$,则称 A 和 B 具有相同的"势",并将 A 或 B 的"势"记为 $\bar{A}$ 或 $\bar{B}$。由此可见,"势"是具有某一性质 P 的集合的元素的个数。

然后,利用势的概念探究无穷集合之结构特征,并获得下列奇特而重要的结论。

1. 无穷集合和它的真子集可以同势

例如:

$$1, \quad 2, \quad 3, \quad \cdots, \quad n, \quad \cdots$$
$$\updownarrow \quad \updownarrow \quad \updownarrow \quad \quad \updownarrow$$
$$1^2, \quad 2^2, \quad 3^2, \quad \cdots, \quad n^2, \quad \cdots$$

据此,康托尔指出:"部分和全体可建立一一对应关系,且具有相同的'势'。这是有限集合与无穷集合之间的本质区别,是无穷集合的主要特征",并强调指出:"无穷集合将遵循不同于有限集的法则"。

2. 集合的"大小"概念

康托尔指出:如果集合 A 和集合 B 的一部分或真子集能建立起一一对应的关系,而集合 B 不能和 A,或 A 的真子集建立起一一对应的关系,则由于 $\bar{B} > \bar{A}$,而称集合 B 大于集合 A。

3. 无穷集的分类

康托尔应用"势"的概念对无穷集进行了分类,并引进了"可数"(或可列)无穷集合的概念,指出:凡是能和自然数集合的元素建立一一对应关系的任一集合是可数的或可列的。这样,无穷集合可分为两大类。

①可数无穷集(或可列无穷集):是与自然数集合一一对应的且具有同势的无穷集,这是"最小"的无穷集。

②不可数无穷集(或不可列无穷集):或称"超限集",是不能与自然数集合建立一

一一对应的无穷集。

2.1.3 集合论观点下的实数集

1873 年 11 月 29 日,康托尔在给戴德金的信中提出:全体正整数集合 $\mathbf{Z}_+$ 和全体实数集合 $\mathbf{R}$ 之间能否建立一一对应关系?他认为:对此不能过分地相信直觉,而应给出数学的证明。为此,他利用对无穷集合的分类,得到了如下出乎意料的结论。

1. 有理数的集合是可列的

直观而言,自然数是离散的,有理数是稠密的,自然数集是有理数集的一部分(子集)。所以,"有理数集合是可列集合"是出乎意料的。但是,康托尔却给出了有理数集是可列的证明。

首先,他将正有理数按下列方式排成陈列:

$$\begin{array}{cccc} \frac{1}{1} \to & \frac{2}{1} & \frac{3}{1} \to & \frac{4}{1} \cdots \\ \frac{1}{2} & \frac{2}{2} & \frac{3}{2} & \frac{4}{2} \cdots \\ \frac{1}{3} & \frac{2}{3} & \frac{3}{3} & \frac{4}{3} \cdots \\ \frac{1}{4} & \frac{2}{4} & \frac{3}{4} & \frac{4}{4} \cdots \end{array}$$

这样,每个正有理数都出现在这个阵列之中。值得注意的是:那些在同一个对角线方向上的分式,其分子与分母之和是相同的。如果我们按箭头所示依次重新排序,如从 $\frac{1}{1}$ 开始按箭头所示方向依次指定 1 对应于 $\frac{1}{1}$,2 对应于 $\frac{2}{1}$,3 对应于 $\frac{1}{2}$,4 对应于 $\frac{1}{3}$,……则每个有理数必将在某一步对应于一个被指定的有限的正整数。于是,由于有理数集合(略去其中重复出现的之后)和正整数构成一一对应。所以,按可列无穷集合的定义,这个有理数集合是可列的。

2. 代数数集合也是可列的

更令人惊奇的是在 1874 年的那篇文章中,康托尔证明了所有代数数构成的集合也是可列的。他所指的代数数是满足代数方程:

$$a_0 X^n + a_1 X^{n-1} + \cdots + a_n = 0$$

的数,其中 a_i 都是整数。

为了证明代数数集合是可列的,他引进了称之为多项式的"高"的概念:

$$H = n - 1 + |a_0| + |a_1| + \cdots + |a_n|$$

由于 H 是一个正整数,对于每一个 H 的任一给定值,只有有限个它的高的代数方程,而每个这样的方程最多只有 n 个根。他从 $H = 1$ 开始,对应 $H = 1$ 的代数数从 1 到

n 给以符号;对应于 $H=2$ 的代数数从 n_1+1 到 n_2 给以符号;依次下去。由于每一个代数数一定会编到标号,并且必与唯一的正整数相对应,从而所有代数数的集合是可列的。

3. 实数集是不可列的

为回答 1873 年给戴德金那封信中所提出的实数集是否能和正整数一一对应的问题,康托尔在几个星期之后,认为是不可能的。为此,他给出了两个证明,由于第一个证明比第二个证明复杂,所以采用了 1890 年发表的第二个证明(著名的"对角线法")。这个证明是从假定 0 与 1 之间的实数是可列的这一前提出发,把他的 $(0,1)$ 之间的实数表示成无穷小数,如果它们是可列的,那么其中每个数必一一对应于一个正整数,亦即:

$$1 \longleftrightarrow 0.a_{11}a_{12}a_{13}\cdots$$
$$2 \longleftrightarrow 0.a_{21}a_{22}a_{23}\cdots$$
$$3 \longleftrightarrow 0.a_{31}a_{32}a_{33}\cdots$$
$$\vdots$$

现按如下法则在 $(0,1)$ 间构造一个新的数
$$B=0.b_1b_2b_3\cdots$$

其中

$$b_k = \begin{cases} a, & \text{如果 } a_{kk}=1 \\ 1, & \text{如果 } a_{kk} \neq 1 \end{cases}$$

由于这个 $(0,1)$ 间的实数 b_k 不同于上述所列的任何一个实数,这与假设矛盾,所以,实数集是不可列的。

2.1.4 超限基数和超限序数

根据实数集是不可列的,而有理数集合代数数集是可列的。康托尔断言:不仅无理数的个数一定大大地超过有理数,而且必存在更大的超限数。于是,他开始思考与猜想正整数 $\mathbf{Z}_+$ 和实数集 $\mathbf{R}$ 之间是否存在更大的"无穷数"。1874 年到 1877 年他证明了有悖于直觉的 n 级空间的点集和直线上的点是可以建立一一对应关系,并开始在其中用"基数"取代"势"的概念。据此,他确信集合论的核心是把数或量的概念从有限数拓展至无限数。

在此基础上,康托尔试图从无穷集合出发,运用数学的运算法则导出新的非实数的"超限数"。于是,他首次引进了超限基数和超限序数的概念。对此,他在 1883 年发表的关于线性集合的第五篇文章中讲到:"这一重要的一步,其目的在于扩展或推广实数的整数序列到无穷大以外,……"

1. 集合的基数和序数

为了将数的概念与性质拓展到实的整数序列到无穷大以外,他开始把集合的"势"改称为"基数",并声称:对于有限集合,基数表示集合的元素个数;对于无穷集合,基数则需要引进新的"数"及其符号。为此,他用符号 $\aleph$(阿托夫)表示无穷集合的元素个数;用符号 $\aleph_0$(阿托夫零)表示自然数集合的基数;用 C(连续统 Continuum 的第一个字母)表示实数集合的基数,并且有 $C > \aleph_0$。然后,进一步定义了两个基数之间的"和"、"乘积"和"乘幂"等概念,以及任一无穷集合 A 的"幂集"的概念。接着,又发现与证明了集合论中的一个重要定理:"任何集合 A 的幂集的基数大于该集合的基数"(人称康托尔定理)。

关于集合的序数概念,康托尔指出:对于某集合 A 而言,如果能给出一种排列的规则 ψ,按照 ψ 能使集合 A 的元素处于某种顺序之中,则称该集合 A 是有序的,并用记号 (A,ψ) 表之。

据此,康托尔首先引进了全序集的概念(集合的任何两个元素都有一个确定的顺序,即基于某种排列规则 F,或者 $m_1 < m_2$,或者 $m_1 > m_2$,若有 $m_1 < m_2$,与 $m_2 < m_3$,则称该集合 A 是全序集)。然后,他将全序集的顺序的序型定义为该集合的序数,并指出:对于有限集不管其顺序如何,其序数是确定的,并且可用该集合的基数表示它。然而,对于无穷集合而言,则由于其元素的排列方式不同,会产生各式各样的序型,其序数不是唯一的。例如,在自然数顺序中的自然数集:

$$0,1,2,3,\cdots,n,\cdots$$

康托尔将其序型记为 ω。如果按如下方式排列:

$$n+1,n,\cdots,3,2,1,0$$

则自然数集的序型为 ω^*。如果再采用如下方式加以排列:

$$1,3,5,\cdots,2n+1,\cdots,0,2,4,6,\cdots,2n,\cdots$$

则自然数集的序型为 $\omega+\omega,\cdots$。

据此,康托尔引进了"良序集"的概念(它以及它的每一个子集都是非空的有为首的(或最小的)元素的全序集),并将集合的序数定义为良序集的序型。

这样,自然数有序集是良序集 ω:

$$0,1,2,3,\cdots,n,\cdots$$

而自然数有序集 $\omega^*:n+1,n,\cdots,3,2,1,0$,由于它的为首的不是最小的元素,它是非良序集,所以 ω^* 不是自然数集的序型。

在此基础上,康托尔利用一一对应的原则定义了集合序数的"相等"和"不相等",以及"和"与"乘"等概念。

2. 超限基数和超限序数

根据上述集合的基数和序数的定义,康托尔将无穷集合(良序集)的基数和序数分别称为超限基数和超限序集(统称"超限数"),然后为了在 $\aleph_0$ 和 ω 的基础上确切地定义更大的超限基数和超限序数,他根据基数和序数都存在着明显的级别,对序数进行了如下分级:

第一级序数 Z_1 为所有有限序数:

$$1,2,3,\cdots$$

第二级序数 Z_2 是从自然数集的序数 ω 开始,经反复地应用"不断延伸原则"和"相对穷竭原则",而得到的:

$$\omega,\omega+1,\omega+2,\cdots$$
$$2\omega,2\omega+1,2\omega+2,\cdots$$
$$3\omega,3\omega+1,3\omega+2,\cdots$$
$$4\omega,4\omega+1,4\omega+2,\cdots$$
$$\vdots$$
$$\omega^2,\omega^2+1,\omega^2+2,\cdots$$
$$\omega^3,\omega^n,\omega^\omega,\omega^{\omega^\omega},\cdots$$

这样,Z_2 中的每一个都是基数为 $\aleph_0$ 的集合的序数,而由上述序数构成的集合又必有一个基数。由于这一集合是不可列的。于是,康托尔引进了一个大于 $\aleph_0$ 的新的基数 $\aleph_1$ 作为集合 Z_2 的基数,并证明 $\aleph_1$ 为 $\aleph_0$ 的后继之基数。

然后,康托尔再将基数为 $\aleph_1$ 的集合序数:

$$\Omega,\Omega+1,\Omega+2,\cdots,\Omega+\Omega,\cdots$$

作为第三级序数 Z_3。由于 Z_3 这个序数的集合的基数必大于 $\aleph_1$,将其记为 $\aleph_2$,则有 $\aleph_2 > \aleph_1$。

这样,无穷无尽地继续下去,便可得到开始数(为首元素)分别为 $\omega,\Omega,\cdots$ 的层级不同的序数集合之超限基数:

$$\aleph_0 < \aleph_1 < \aleph_2 < \cdots$$

由此得出:

① ω 及其所有大于 ω 的数,都是非整数(或自然数)的超限序数;

② $\aleph_0$ 及其大于 $\aleph_0$ 的数,都是非整数(或自然数)的超限基数;

③ 超限数突破了有限性的实数,且不同于通常意义下的无穷大(∞ 或 $n\to\infty$)和无穷小$\left(\dfrac{1}{\infty}$ 或 $\Delta x \to 0\right)$,而是非实数的新的"无穷数";

④ 超限数是有序的、分级的,而且没有最大的。

3. 连续统猜想的发现

康托尔在古典集合论中提出了康托尔定理:"任何集合 A 的幂集的基数大于该集合的基数"。这对于有限集而言,是显示成立的。例如:任何含有 4 个元素的有限集可

构出 2^4 个子集,因此,其幂集的基数为 2^4,且 $2^4 > 4$。但是,对于无穷集合而言,康托尔指出:如果给定集合的基数是 $\aleph_0$,则该集合的全体子集所构成的幂集应具有基数 $2^{\aleph_0}$。他用符号 C 表示实数集的基数,则有 $C > \aleph_0$,为此,他试图证明超限数 $\aleph_0$ 的后继基数 $\aleph_1 = 2^{\aleph_0}$。如果能给出证明,则表示:自然数集的基数 $\aleph_0$ 和实数集基数 $C = \aleph_1$ 之间一定没有别的超限基数了。但是,他证明 $\aleph_1 < 2^{\aleph_0}$ 却无法证明 $\aleph_1 = 2^{\aleph_0}$。于是,他大胆地提出了 $\aleph_1 = 2^{\aleph_0}$ 的这一猜想或假设。以此表明:无穷集合中的超限数之间是有大小之别,并且是有序排列的:

$$\aleph_0 < \aleph_1 (= C) < \aleph_2 < \cdots$$

康托尔提出的这一"连续统假设"触及了集合论和整个数学的根本或真谛。它揭示了无穷集之间可以进行大小的比较,并且是一个良序集。为此,康托尔提出了一个重要的定理(连续统猜想):连续统的基数紧连在可数集基数之后。这意味着自然数集和实数集之间再没有一个中间大小的集。可数集和不可数集的连续统之间存在着一座新的桥梁。如果证明了这条重要定理,那么不仅可消除集合论悖论,而且集合论便可成为整个数学的基础。遗憾的是康托尔花费大量的心血,其结果未能如愿。1900年,世界数学界领军人物希尔伯特在国际数学大会上将其列为必须研究与解决的 23 个问题之首。

2.2 第三次数学危机(集合论悖论)的引发

古典集合论的创立意味着数学的理论基础从有限性的实数论进入了以实无穷集合论为理论基础的新时代,如图 2-3 所示。

图 2-3 集合论为整个数学奠定基础

因此,古典集合论的创立在数学发展史上是一个具有划时代意义的数学成果,但是,它不可避免地存在着一定的历史局限与不足,其主要点是:

其一,康托尔的数学思想是:"数学的本质在于它的自由""数学和其他科学领域的区别在于它的自由创造自己的概念,而无须顾及是否存在"。因此,他的实无穷集合和超限数是心智或心灵自由创造(非逻辑思维)出来的,难免存在着一些不严密与不精确之处。

其二,它的造集原则是外延原则和概括原则,是外延(一个集合由它的元素唯一的确定)基础上的概括(每一具有性质 P 产生一个集合)。由于他对概括原则未作任何的限制,只给出了一个描述性的定义。这种借助于一个"总体"(或"整体")来定义"集合"的重言式定义方式,其中隐含了诸如"一切集合是集合"的悖论。

其三,在引进超限基数和超限序数等深奥莫测、难以捉摸的抽象概念中,反复使用了"不断延伸原则"和"相对穷竭原则",背离与扬弃了传统的极限论及其潜无穷的立场与观点。

因此,古典集合论创立后,正如法国数学家豪斯道夫(Hausdorff,1868—1942)所指出的:"在这个领域中什么都不是自明的。其真实陈述,常常会引起悖论,而且似乎越有理的东西,往往是错误的。"但是,集合有没有严密而统一的定义,并不影响集合论的创立与发展。所以,集合论悖论的发现和第三次数学危机的引发都是古典集合论创立以后在其发展过程中发生的。

2.2.1 不同立场与观点的对立

康托尔是站在"关于无穷大的流行观点和关于数的性质的公认意见的对立面"上创立了古典集合论。由于自古以来对于数学的无穷观一直存在着潜无穷和实无穷的对立,并以潜无穷观占据着主导地位,因此,古典集合论刚诞生便受到坚持潜无穷观的一批数学家的讽刺与否定,尤其是康托尔的老师、构造主义和潜无穷观的重要代表人物克罗内克,一开始就反对康托尔的实无穷集合的立场和拒绝非实数的超限数。著名的法国数学家庞加莱(H. Poincare,1854—1912)则批评康托尔说:"……某些明显矛盾的事情已经发生了,这将使爱利亚学派的芝诺等人高兴,……重要之点在于:切勿引进有限个文字会完全定义好东西"。数学家魏尔(H. Weyl,1885—1955)则称康托尔的超限数 $\aleph$ 的等级是"雾中之雾"……

但是,希尔伯特则肯定与赞赏康托尔创立的古典集合论,数学家罗素则称赞康托尔"解决了先前围绕着数学无限的难题,可能是我们这个时代值得夸耀的优秀工作之一"。

由此可见,古典集合论创立不久,便呈现了赞赏实无穷观和坚持潜无穷观的对立。面对这一对立,康托尔则宣称:"我的理论坚如磐石"。

2.2.2 集合论悖论的最初发现

前已指出:康托尔利用外延原理和概括原理描述的集合定义,由于对概括原则未作任何限制,所以其中必隐含着"一切集合的集合"的悖论,前又指出:集合论的严密与统一的定义是可以和集合论的创立与发展并行不悖的,所以集合论悖论的发现都是古

典集合论创立之后,在其发展与深入的过程中发现的,最初发现的是:

1. 布拉利·福蒂的最大序数悖论

布拉利·福蒂(Cesare Burali-Forti,1861—1913)是意大利数学家,他于1897年3月28日在巴拉摩数学会上宣读了一篇论文《关于超限数的一个问题》,首次发表了:"由不超过 a 的所有序数组成的集合,其序数必大于 a" 的悖论。这是因为:在超限数理论中可以证明下列定理:

定理1 任何一个良序集 A,不能与 A 的任何截段 A_a 相似。

定理2 凡是序数所组成的集,按其大小为序排列时,必为一良序集。

定理3 一切小于序数 a 的序数所组成之良序集 w_a 的序数 $\overline{w_a}$ 就是序数 a, $\overline{w_a} = a$。

现将一切序数汇集成一集,记为 γ,亦即

$$\gamma = \{x \mid x \text{ 为一序数}\}$$

由定理2知,良序集有一序数 γ,即 $\overline{\gamma} = \gamma$,且 $r \in \gamma$。由定理3知 $\overline{\gamma_r} = r$,由 $\overline{\gamma} = r$ 与 $\overline{\gamma_r} = r$ 可推知 $\overline{\gamma} = \gamma$。这表示良序集 γ 的序数与它的一个截断 γ_y 的序数相同,因而矛盾于定理1。

2. 康托尔的最大基数悖论

1877年,康托尔证明一条直线上的点和平面上的点(乃至 n 维空间中的点)一一对应之后,大多数数学家对此惊愕不已,康托尔自己也感到纳闷,给他好朋友戴德金写信说:"我看到了这个事实,但连我自己也不敢相信它"。1895年康托尔自己已开始怀疑:所有的基数全体本身是否构成一个集合?如果构成一个集合,那么它的基数是否大于任何其他基数?两年后的1897年,布拉利·福蒂发表了最大序数悖论之后,1899年康托尔发现了以他名字命名的康托尔定理(任何集合 A 的幂集,大于该集合的基数)也存在着悖论。因为如果我们用 $\overline{\overline{M}}$ 表示 M 的基数,用 $\overline{\overline{PM}}$ 表示幂集 PM 的基数,则根据康托尔定理有:

$$\overline{\overline{PM}} > \overline{\overline{M}}$$

现考虑由概括原则构造出来的所有集合组成的集合 S:一方面,由康托尔定理得: $\overline{\overline{S}} < \overline{\overline{PS}}$;另一方面,又由于 PS 是 S 的子集,有 $\overline{\overline{PS}} < \overline{\overline{S}}$。故导致矛盾。

2.2.3 罗素正式而明确地提出集合论悖论(罗素悖论)

1900年之前,应该说人们已发现了古典集合论中存在着"一切集合的集合"的悖论。但是人们对此未加重视,也未感到不安。即使意识到了,也只是将其视为仅仅是古典集合论本身存在着专门术语或某种技术性的问题。然而,1902年罗素在研究康托尔悖论的基础上,发现与提出了一个数学和逻辑学相结合的集合论悖论(人称"罗素悖

论"),并将此通知了弗雷格。1903 年,罗素在《数学原理》中,将集合分成两种:一种是本身分子集,如"一切集合所组成的集合"是一个本身分子集;另一种是非本身分子集,如自然数集合 N 绝不是某一自然数 n。这样,任给一个集合,它或者是本身分子集,或者是非本身分子集,不应有其他例外。于是,根据概括原则将一切非本身分子集汇集成一个集,亦即:

$$R = \{x \mid x \notin x\}$$

其中,$x \notin x$ 表示集合 x 不是它自身的元素,而 $x \in x$ 则表示集合 x 为其本身的一个集合。现分析由一切非本身分子集($x \notin x$)构成的集 R 是哪一种集合?若设 R 为本身分子集,则 R 为其自身的一个元素,由于 R 的每个元素都是非本身分子集,则作为 R 之元的 R 也必须是一个非本身分子集。这样,便由 $R \notin R$ 推出了 $R \notin R$ 矛盾。现再设 R 为一个非本身分子集,按 R 的造集原则,任何非本身分子集都是 R 的元素,故 R 作为非本身分子集亦应是 R 的一元素。亦即由 $R \notin R$ 推出了 $R \in R$,这又是矛盾。

这便是罗素只用"集合""元素""属于"这三个最为简单的要素,揭示了康托尔的古典集合论存在着"一切集合的集合"的悖论。

后来,罗素和其他学者将此逻辑形式的悖论联系与扩展至一些语义及日常生活,便发现了众多模式的语义悖论。例如:

1. 理发师悖论

李家村所有有刮胡子习惯的人可分为两类:一类是自己刮胡子的,另一类是自己不给自己刮胡子的。该村有一个刮胡子习惯的理发师自己约定:"给且只给村子里自己不给自己刮胡子的人刮胡子"。现在要问这个理发师自己是属于哪一类人?如果说他是属于自己给自己刮胡子的一类,则按他自己的约定,他不应给自己刮胡子,因而他是一个自己不给自己刮胡子的人。如果说他是属于自己不给自己刮胡子的一类,则按他自己的约定,他必须给自己刮胡子,因此他又是一个自己给自己刮胡子的人了。如此,不管哪种说法都是矛盾的。

2. 图书目录悖论

图书目录本身也是书,所以它可能把自己也列入书中作为一条目录,也可能不列入自己。现要求把那些不列入自己的目录编成一本目录,它该不该把自己列入呢?如果它不列入自己,按要求它是应当列入自己的;如果列入自己,按要求又不该列入自己,矛盾。

3. 说谎者悖论

一个克里特人说:"所有的克里特人所说的每一句话都是谎话",试问这句话是真还是假?如果它是真话,则因这句话也出自克里特人之口,故可推知这句话为假;反过来,若设这句话为假,则未必导致矛盾。因为由这句话之假不能推出其为真,但可推出并非每个克里特人总是说谎。如果这句话出自非克里特人之口,则可推出它为真。

4. 理查德悖论

1905 年,理查德提出了:把自然数的各种性质记为 $a_1, a_2, \cdots, a_n, \cdots$ 与性质 a_i 不符的脚标 i 称为理查德数。例如,若 a_7 代表素数性,而 7 恰为素数,则 7 是非理查德数。若 a_8 代表奇数性,8 与 a_8 代表的性质不符,于是 8 是理查德数。

有鉴于理查德数也是自然数的一种性质,如果此性质记为 a_k,则 k 是理查德数吗?此构成一个悖论!

……

这些语义悖论的出现,深化了悖论的强度。因此,罗素悖论(包括数学的、逻辑学的、语言学的悖论)的提出,标志着第三次数学危机的形成。它不仅冲击与动摇了整个数学的基础,打破了数学界"有关 19 世纪数学的严密化已完全达到"的美梦,而且严重冲击了逻辑学、语义学的理论基础与知识体系。因此,由集合论悖论所引发的第三次数学危机是比以往任何一次数学危机更为广泛、更为复杂、更为深刻的一次数学危机。正如罗素将此告知正在付印《算术的基础原则》(第二卷)的弗雷格时,弗雷格惊恐万分,并在该卷的结尾中写道:"对于一个科学家来说,没有一件事比下列事实更为难堪的了,即当他的工作刚刚完成的时候,突然发现它的一块基石崩塌下来了。……罗素先生给我的一封信,使我陷于这样的境地。"

●●●●●● 2.3　集合论的公理化 ●●●●●●

罗素悖论的提出和第三次数学危机的引发,使数学处于一种逻辑和理论基础突然崩塌的悲惨境地。它给全体贯注于数学分析严密化的数学家泼了一盆冷水,对于接受与赞赏集合论的数学家,则给了他们回顾与分析悖论的成因以及寻找消除这一悖论途径的动力。

在这种探索中,数学家们比较普遍地认识到不能像弗雷格那样用概念的外延去定义类(或集合),必须扬弃康托尔应用不加限制的概括原则对集合作出直观性与描述性的定义,而应遵循以往数学的公理化方法解决这些领域中的逻辑问题,将古典集合论加以公理化。

对此,1906 年罗素立足于逻辑学提出了一个以逻辑公理为基础的"分支类型论"方案。1908 年,德国著名数学家策梅洛(德语:Ernst Friedrich Ferdinand Zermelo,1871—1953,见图 2-4)则提出了一个以非逻辑的数学公理为基础的"集合论公理化"的方案。

图 2-4　策梅洛

2.3.1 罗素的分支类型论

弗雷格和罗素都是逻辑主义的代表人物,他们应用数学方法研究逻辑的最终目的不是"逻辑的数学化",而是"数学的逻辑化(将数学化归为逻辑)"。因此,罗素的分支类型论是将集合论定位在逻辑学范畴之内,并将其建立在纯逻辑公理之上。因此他的分支类型论是一种非数学的思想及其语言加以表述的。

1. 罗素对集合论成因的分析

"悖论从字面上看,是自相矛盾"。悖论是针对某理论而言的,看上去其公理和推理是合理的,但其中存在着肯定和否定等价的复合命题(用符号可表示为 $A \Leftrightarrow \neg A$,其中 $\neg A$ 为 A 的否定)。对于悖论的成因,著名数学家庞加莱曾于1905、1906、1908 年多次指出,所有悖论都与非直谓的定义法有关。

因此,罗素在对集合论悖论的成因进行分析时,确认了:"借助于一个整体予以定义和刻画,但这一对象却被包含在这一整体之中"的非直谓定义法,是形成集合论悖论的主要成因,如图 2-5 所示。

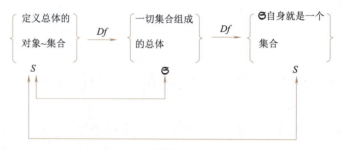

图 2-5 非直谓定义法示意图

罗素认为:"一个集合可以用两种方法加以定义:其一是枚举它的元素(外延式定义),其二是指明它的性质(内涵式定义)"。于是,寻找消除集合论悖论的出路有两种途径可走,这就是"量性限制理论"和"曲折理论"。量性限制理论的主要思想方法是对集合或无穷之某些概念及其存在性加以限制。

根据非直谓定义法是引发集合论悖论的主因,罗素提出了"恶性循环原则"(没有一个总体能包含一个只能借助于这个整体来定义的元素)和"类型混淆原则"(任何一个集合论绝不是它自身的一个元素)。这样,一是,承认恶性循环原则,便不能承认与使用"被定义对象只能借助于整体本身才能定义"(狭义非直谓定义法),以及"被定义对象只能借助于整体本身就是什么才能刻画"(等价式非直谓定义法);二是,承认类型混淆原则,就不能承认等价或非直谓定义法的使用是合理的,亦即否定了"一个集合是它自身的一个元素"($A \in A$)的合理性。

2. 提出了分支类型论

由于恶性循环原则和类型混淆原则可以限制非直谓定义法的使用,进而可消除集合论悖论,罗素进一步从分类分级出发,提出了他的分支类型论。

分支类型论的主要思想是:

① 按照集合所属对象的类型对其加以分类,属于第 0 类的是那些论域中的对象,如 $a,b,c,\cdots$;属于第 1 类的是这些对象(个体)所组成的集合。如 $a\in f, b\in g,\cdots$ 中的 $f, g,\cdots$;属于第 2 类的则是那些集合的集合,如 $f\in F, g\in G,\cdots$ 中的 $F, G,\cdots$;属于第 3 类的是那些集合的集合的集合;……

② 提出了"分类原则":每一个集合都必须属于一个确定的类,而且每一类的集合只有当其使用值次于它的那个类的对象作为元素来构成时才是有意义的,因此,$a\in f$,$f\in G$ 等是有意义的,而 $a\in b, a\in F, f\in f$ 等是没有意义的。罗素进一步把同一类中的对象性质作出级的划分,把再定义方法下没有涉及所有的性质的性质归为第 1 级,那些在下一定义时涉及的第 n 级的"所有的性质"的性质列为第 $n+1$ 级。这样,不具体指明所考虑的级,凡涉及"所有的性质"的表达式都是没有意义的。

这种又分类又分级使每一个集合对象的性质都归属于一定的类和级,而级又是再类内划分的,便是罗素的"分支类型论"。

罗素应用他的恶性循环原则及其分支类型论的结果是:既否定了非直谓定义法的使用,又消除了布拉利-福蒂悖论、康托尔悖论、罗素悖论和其他悖论。但是,与此同时否定了以往众多的由非直谓定义法的数学概念与数学定理。而且他的"又分类又分级"的分支类型论是逻辑的而非数学的,显得既支离破碎又烦琐复杂,所以,他的分支类型论的方案没有得到广大数学家的欢迎与接受。

2.3.2 策梅洛的集合论公理化

德国数学家策梅洛在 1908 年发表的论文《集合论的基础研究》的开头说:"集合论是数学的一个分支,其任务是数学地研究'数'、'次序'和'函数'这些概念……现受到某些矛盾或悖论的威胁……我们只能反其道而行之,从历史上给定的集合论出发,寻求为确立这门数学学科的基础所需要的原理。另一方面,在解决问题时,我们必须使用这些原理充分地限于排除一切悖论……以保留这一理论中的一切有价值的东西"。

由此可见,与罗素的分支类型论不同,他是立足于数学,用集合论公理化的思想,来排除集合论悖论。

1. 策梅洛的集合论公理化思想

策梅洛排除集合论悖论的基本立场是立足于数学,为保留康托尔的古典集合论中一切有价值的东西,在构建非逻辑的数学公理的基础上,对"集合无穷"的概念作出隐定义,其主要思想方法是:

其一,策梅洛受到罗素的"量性限制原则"和皮亚诺等人的公理化思想的启示,针对康托尔未加限制的任意应用概括原则而导致集合论悖论的主因,试图采取既保留概括原则的某些合理因素,又限制其造集原则的任意性(即采取"量性限制原则")。

其二,为了既消除悖论,又保留古典集合论中一切有价值的东西,策梅洛致力于寻找建立集合论的最基本的原则(公理),其原则是:"允许满足公理要求的,不会导致矛盾的类型(如空集、有限集、自然数集……及由它们构成的各种类集)进入集合论。"

其三,在构建集合论公理系统的基础上,从公理系统出发,建立起集合论的理论体系。

2. ZFC 系统的建立

1908 年策梅洛给出了七条包括他 1904 年在证明良序性定理中用过的选择公理在内的公理。1922 年弗朗克尔(Fraenkel,1891—1965)发现了集合的属性和集合的本身是有区别的,在选择公理的基础上,还必须引进其他公理。于是,最后形成了集合论 ZFC 系统。其中 Z 和 F 是策梅洛和弗朗克尔的第一个字母,C 表示内含选择公理。如果不含选择公理,则称其为 ZF 系统。

下面介绍 ZFC 系统。

(1)基本概念

集合:用变元 $x,y,z,\cdots$ 表示;

属于:用符号 $\in$ 表示。

(2)公理

① 外延公理:如果两个集合 A 和 B 具有相同的元素,则 A 和 B 相等。

$$\forall_A \forall_B [\forall_x (x \in A \Leftrightarrow x \in B) \Rightarrow A = B]$$

② 空集公理:存在一个不含任何元素的集合。

$$\exists \phi \forall_x (x \notin \phi)$$

③ 对偶公理:对于任何集合 μ 与 u,总存在一个集合 B,恰以 μ 与 u 为它的元素。

$$\forall_\mu \forall_u \exists B \forall_x (x \in B \Leftrightarrow x = \mu \text{ 或 } x = u)$$

④ 并集公理:对任一集合 A,总存在一个集合 B,它的元素正好是 A 的元素的全体。

$$\forall A \forall B \exists \forall x (x \in B \Leftrightarrow x \in A \text{ 或 } x \in B)$$

⑤ 幂集公理:对任意的集合 A,存在一个集合 B,它的元素恰好是 A 的一切子集。

$$\forall_A \exists B \forall_x (x \in B \Leftrightarrow x \subseteq A)$$

⑥ 子集公理:对任何 $t_1, \cdots, t_k$ 和 C,存在这样一个集合 B,其元素正好是 C 中所有使得那个不包含 B 的公式 ____ 成立的那些集合 x。自然得出 B 是 C 的子集的结论。

$$\forall t_1 \cdots \forall t_k \forall C \exists B \forall x (x \in B \Leftrightarrow x \in C \& \underline{\quad})$$

⑦ 无穷公理:肯定无穷集合的存在性(亦即无条件地承认归纳集的存在)。

$$\exists A(\phi \in A \& \forall a(a \in A \Rightarrow a^+ \in A)) \qquad (\text{其中 } a^+ \text{ 是 } a \text{ 的后继})$$

⑧ 替换公理:如果函数 $\psi(x,y)$(可读为"x 提名 y")的定义域是一个集合 A,则由

A 中的每一个元素 x 所提名的那些对象也可汇集成一个集合 $B(\psi(x,y)$ 的值域。

$$\forall A[(\forall x \forall y_1 \forall y_2(x \in A \& \psi(x,y_1) \& \psi(x,y_2)) \Rightarrow y_1 = y_2)$$
$$\Rightarrow \exists B \forall y(y \in B \Leftrightarrow \exists x(x \in A)\psi(x,y))]$$

(其中 B 不在公式 $\psi(x,y)$ 中出现)

⑨ 正则公理:每个非空集合 A 至少有一个元素 m,使 m 与 A 无公共元素。

$$\forall A(A \neq \phi \Rightarrow \exists m \in (m \in A \& m \cap A = \phi))$$

⑩ 选择公理:如果一个集合的所有元素都是不相交的非空集合 A,那么就存在一个集合 B,它以 A 的每一个元素中的一个元素的全体所构成。

$$\forall A(A \neq \phi \& \forall a(a \in A$$
$$\Rightarrow a \neq \phi) \& \forall a \forall b(a \in A \& b \in A \& a \neq b$$
$$\Rightarrow a \cap b \neq \phi) \Rightarrow \exists B(x \in B$$
$$\Rightarrow \exists b(b \in A \& x \in b \& b \cap B = (x))))$$

在给出了上述公理之后,策梅洛指出:由包括选择公理的公理系统出发,可以建立起严密的集合论理论体系,不仅消除了集合论悖论,而且可将整个数学建立在 ZFC 系统的基础之上。

历史证明:策梅洛的集合论公理化方案是正确的。策梅洛的主要贡献是:不仅消除了集合论悖论,为将整个数学建立在 ZFC 系统基础上指出了方向,而且为数理逻辑主要内容之一(《公理集合论》)的创立奠定了基础,明确了方向。可惜的是:策梅洛忽视了 ZFC 系统存在着两个至今未解决的关键问题:

① 选择公理的必要性与独立性未加证明,数学界对此存在着不同意见的争论;

② ZFC 系统的相容性问题未被关注,而且至今难以证明。

3. 有关选择公理的必要性与独立性的争论

1904 年,策梅洛曾在证明良序性定理中应用了选择公理(时称"划分公理")。由于这条时称的"划分公理"可以证明下述定理为真。

定理:任给一集合 L 必有一个子集不是 L 的元素。

有了这一定理便可以证明罗素悖论中的那个一切非本身分子集 $\left(R = \{x \mid x \notin x\}\right)$ 不是一个集合。同时,根据这条定理又可证明:"一切集合汇成的集合"($E = \{x \mid x$ 为一集$\}$)也不是系统内的集合,从而排除了集合论悖论。所以,策梅洛将其列为 ZFC 系统的第 10 条公理。

但是,"选择公理"在一定条件下,可以看成是概括原则的一种简单推理,因为划分公理相当于:给出一个性质 $x \in L \& P(x)$,从而构成了一个集合:

$$\Gamma = \{x \mid x \notin L \& P(x)\}$$

这样一来,如果系统内承认概括原则,那么选择公理便自然创立,不必再作为公理引入。如果将选择公理列为公理,则必须否定它不是概括原则的一个推理。

$$概括原则\begin{cases} R = \{x \mid x \notin x\} \text{ 和 } E = \{x \mid x \text{ 为一集}\} \text{ 都是系统内的集合};\\ 选择公理 \rightarrow 相关定理 \rightarrow R \text{ 和 } E \text{ 都不是系统内的集合}。\end{cases}$$

于是,有关选择公理的必要性与独立性问题便引起了人们的质疑与争论。赞成列入 ZFC 系统者认为:既然是非空集合,从其中随便指定一个元素,并将其汇成一个集合是可行的。而且有了选择公理便可以消除悖论,可推导出许多现代分析、拓扑学、超限数理论中的重要定理。反对者则坚持:要指定那个元素,应给出一个具体规则,只靠任意选择公理是难以指出的。而且承认了任意选择公理会导出或证明一些有违直觉的怪定理或悖论……

4. 忽视了 ZFC 系统的相容性问题,更未加以证明

公理的相容性问题源于非欧几何的创立,因为它是将欧氏几何第五公设(平行公理)的否定替代欧氏几何第五公设而建立起来的。对此,人们普遍怀疑非欧氏几何的公理系统会不会存在着矛盾?于是,在证明非欧几何公理系统的相容性问题中,希尔伯特发现并证明了:非欧几何的相容性(无矛盾性)归结为欧氏几何的相容性,欧氏几何的相容性可化归为实数与自然数系统的相容性。集合论诞生之后,实数与自然数系统的相容性,便归结为集合论及其 ZFC 系统的相容性了。因此,ZFC 系统的相容性问题不仅事关集合论的数学基础,而且事关整个数学的数学基础。

1900 年之前,逻辑本身和数学之间的关系还在研究的过程中,策梅洛等提出的 ZFC 系统是假设了数学运用的逻辑本身是不成问题的,他们对 ZFC 系统的相容性问题存在着盲目的自信,既未加以关注,更未给出证明。

对此,有的学者批评其幼稚,有的批评他们为防备悖论而设计出来的 ZFC 系统,其中有一些是相当武断的、不自然的或者是建立在直觉基础上的……针对集合论公理化忽视相容性和上述的悬而未决的问题,庞加莱评论道:"为了防备狼,羊群已用篱笆围起来了,但却不知道在圈里有没有狼"。这样一来,集合论悖论便演变成"ZFC 系统危机"。

面对整个数学及其基础处于"羊圈已用篱笆围起来了,但是羊圈里有没有狼"还不得而知的危险境地,1900 年之前的有关什么是数学的真正基础问题便被提上了日程,于 20 世纪初出现了有关数学基础问题的三大学派之争。

第 3 章

数学基础问题三大派之争

从古典集合论的创立到集合论的公理化,在数学发展史中具有重要的地位。这不仅意味着集合论取代实数论成为整个数学的理论基础,标志着数理逻辑的第一分支——"公理集合论"的诞生,而且这一演变过程,显示了有关数学基础问题的不同立场与观点的分歧早在1900年之前就已经出现。比如:

其一,罗素立足于逻辑学,其从事逻辑的数学化的主要宗旨是将数学化归为逻辑。所以他的分支类型论是建立在纯逻辑公理基础上的,他的集合论是属于逻辑学范畴的。

其二,持潜无穷观和直觉主义立场的数学家,对古典集合论的创立,一开始便采取了否定的态度。

其三,希尔伯特倡导数学的公理化思想,策梅洛将非逻辑的实无穷引入公理系统,提出了公理集合论思想。

由此可见,有关数学基础问题的不同立场与观点的对立,早在集合论悖论就开始。20世纪初,在消除集合论悖论的过程中,又出现了ZFC系统相容性危机。在面临"羊圈里是否有狼"不得而知的背景下,数学既不能保证由ZFC系统出发推导出来的数学命题是正确与可靠的,又不能保证今后又会出现什么新的矛盾或悖论。因此,有关数学基础问题再次引起学术界的关注,并提出了问题,诸如:

① 集合论的"真实无穷集合"是不是一个合理的概念?
② 逻辑本身和数学的关系究竟是什么?
③ 公理化及其相容性证明是不是数学真理性的唯一标准?
……

大约到1910年左右,其主题是"数学本质及其推理的确定性与真理性问题",其主要学派有逻辑主义、直觉主义和形式公理主义。

3.1 逻辑主义

逻辑主义是一批立足于逻辑学，应用数学方法研究形式逻辑的逻辑学家兼数学家，其主要代表人物是罗素和弗雷格。他们致力于在逻辑的数学化（逻辑演算系统）基础上，实现数学的逻辑化，亦即试图从逻辑公理出发，推导出全部数学，从而将数学化归为逻辑，使数学成为逻辑学的一个分支。

为此，他们在古典集合论创立之后，实现了逻辑的数学化（命题演算和谓词演算系统），在集合论悖论发现之前，在逻辑的数学化基础上开始了数学的逻辑化。逻辑主义的主要宗旨集中发表与记载在弗雷格的重要著作《算术基础》(1885)，罗素的《数学的原理》(1903)，以及罗素和怀特海合著的具有权威性的《数学原理》中。

3.1.1 逻辑主义：数学的基础是逻辑

逻辑主义者赞赏康托尔的实在的无穷集及其超限数，以及数学的公理化方法。在数学与逻辑的关系上，他们坚持如下两条原理：

第一，数学的概念可以从逻辑的概念出发作出定义；

第二，数学的定理可以从逻辑的定理或命题出发获得证明。

于是，全部数学可以从逻辑及其法则出发推导出来，而且逻辑法则的真理性保证了数学的真理性。其理论体系是："逻辑-集合-数学"，亦即：数学是以集合论为基础的，而集合论（分支类型论）则是建立在逻辑公理系统之上的。

据此，弗雷格从逻辑外延原则出发，引进类的概念，将"数"定位于一种对象而不是概念。然后，应用一一对应的原则，将概念"自己不是自己"的外延确定为空集，由空集组成的类称为 0。由此出发，弗雷格关于数的定义为：

0 表示所有空集的集合，$\{\} = 0$；

1 是所有元素集合组成的，$\{1\} = 1$；

2 是所有有对事物的集合类，$\{0,1\} = 2$；

……

n 表示所有含 n 个元素的集合所组成的类，$\{0,1,2,\cdots,n\} = n+1$。

这样，如果承认"概念的外延"和"类（集合）"都属于逻辑范围，弗雷格确信：依据上述定义（注：其中已隐含了"集合的集合"悖论），由他给出的逻辑公理出发，便可证明一系列算术定理。在此基础上，他原计划将算术扩展至实数理论，由于罗素告知他集合论存在悖论这一重大信息而终止。

罗素在独立地研究数学的逻辑化之中，也是将集合论（属于逻辑范畴）作为全部数学的基础的，他从他提出的逻辑公理（见第 1 章 1.4）出发，得到了和弗雷格同样的结果。但是他比弗雷格更为深刻地认识到：为了证明逻辑主义观点的正确性，仅局限于由逻辑和集合论出发去开展算术理论是不够的，还必须进一步开展实数理论工作。而要达到这一点，就必须更加充分地发展集合理论，不仅要建立有关无穷基数的理论，还应建立无穷序数的理论(因为实数被定义为有理数的无穷序列)。

为了将数的概念从自然数扩展至实数，罗素借助于戴德金的"分划法"，首先定义了分数之间的大于或小于关系，这样，分数(有理数)便形成了一个以大小为序的序列。无理数便对应于分数序列的"间隙"。然后，把正分数分成两类：所有平方数小于 2 的分数组成一类；其余的分数构成另一类。这便形成了分数序列的一个"分划"，它对应于无理数 $\sqrt{2}$ 。因为不存在"平方数等于 2"的分数，所以，每个实数都对应于分数序列的一个分划，分划中的"间隙"对应于无理数。据此，罗素将实数定义为分数序列中的下类(小于的一类)，如 $\sqrt{2}$ 是其平方小于 2 的那些分数的类，$\frac{1}{3}$ 是所有小于 $\frac{1}{3}$ 的分数所组成的类，……

接着，罗素采用类似定义实数的方法，试图继续引进其余数学概念。由于他将集合论视为是属于逻辑范畴的，从集合论出发推导出全部数学是不成问题的，所以在《数学原理》中，罗素宣称："逻辑中展开纯数学工作，已经由怀特海和我详细地做出来了。"正当此时，集合论悖论被他发现与提出了，他和逻辑主义者"从逻辑推出数学"的立场与观点面临严重地冲击，这迫使罗素从逻辑主义立场与观点出发，去研究集合论悖论的成因，寻找消除集合论悖论的途径，并提出了分支类型论的方案。

3.1.2　从逻辑出发能否推出数学

逻辑主义的思想萌芽于逻辑是先于一切科学的先验真理。罗素与弗雷格确信从他们提出的公理系统出发，不需任何数学所持有的任何公理便可推导出全部数学。弗雷格用了近 20 年把算术化归为逻辑。罗素的《数学原理》则致力于从第 1 章 1.4 所给出的公理系统和推理规则出发，推导出全部数学。但是，只有纯逻辑公理，没有非逻辑的数学公理，只能用逻辑术语对类的概念作出适当地定义，要对自然数、实数及超限数等涉及无穷基数和无穷序数的概念作出数学地定义是不可能的。

为此，罗素为了坚持从逻辑推出数学的立场，将相当于无穷公理和相乘公理(选择公理)不列入他的逻辑公理系统之中，当必须用到这两条公理才能推出或证明某定理时，一律将它们作为"假设"。

例如：

如果无穷公理(真)，则定理 A 成立；

如果相乘公理(真)，则定理 B 成立。

这样一来：

其一,这两条公理算什么?如果是公理,则它们是非逻辑的,如果不是公理,则应从逻辑公理出发,将其推导出来,不能将其作为"假设"。

其二,既然从一开始便借助于非逻辑公理或假设,怎可断言:从逻辑出发可推出全部数学?

于是,逻辑主义的批评者指出:逻辑主义是由不确定的假设出发,推出他们的数学的,这没有丝毫理由使人相信他的真理性;又指出:逻辑主义者把数学建立在逻辑基础之上,视数学不过是逻辑主题和规律的一种自然延伸,这种只显示外壳而不显示内核的数学观是不可接受的。而且"逻辑主义学派的理论并非不毛之地,它生长着矛盾"。

面对众多数学家的批评,罗素则仍坚持他的逻辑主义。

3.1.3 分支类型论能否推出数学

罗素和逻辑主义者声称他的全部数学是建立在集合论(分支类型论)的基础上的,而集合论(分支类型论)是属于逻辑范畴的。因此,从已给出的逻辑公理(不需另外的公理)出发,通过分支类型论便可推出实数系、复数系和全部数学。

既然分支类型论是属于逻辑范畴的,那么从逻辑范畴的分支类型论出发,不需别的非逻辑公理,如何能够推出非逻辑的全部数学呢?于是,逻辑主义批评者指出:

① 罗素的分支类型论本质上是由某个命题函数(谓词)的东西(元素)所组成的"类"(Class),"关系"(Relation)是满足二元命题函数的偶所组成的类。

② 类和集合是既有联系,又有区别的两个不同概念。类是由逻辑外延概括出来的概念;集合是由满足某一性质的所有元素构成的整体。集合可以属于其他集合,而类不能属于更大的类;所有的集合都是类,但不是所有类都是集合。

因此,显得既复杂麻烦,又支离破碎的分支类型论很难说清既明白又简单的自然数的前提,更谈不上能推出全部数学。

3.1.4 约化公理之争

罗素和逻辑主义者引进的恶性循环原则,虽然可以避免集合论悖论,但是彻底排斥非直谓定义法却抛弃了众多有用的数学概念与定理;分支类型论虽然可以消除集合论悖论,难以实现逻辑主义的数学基础观。因此,罗素一度处于坚持恶性循环原则(可排除集合论悖论)还是放弃恶性循环原则(放弃消除悖论的努力)的两难境地之中,他试图引进"约化公理"来取代恶性循环原则。

所谓"约化公理"是"任何(广义)的公式都可以和一个直谓(广义)公式相等价"。或者说:一个非直谓的函项都有一个形式上等值的直谓函项(所谓形式上等值就是它们对每一可能变元有同样的真值)。有了这个公理之后,就可用直谓函项替代非直谓函项,并且可将任一类中较高级别的性质化归为同一类中较低级别的性质,以此类推,剩下的就是没有恶性循环的简单类型论了。

对此，数学家们稍作分析，便发现了这个约化公理的精神与恶化循环原则是相冲突的，引进了约化公理实质上等于取消了恶性循环原则。加上了这条不仅过于人为，而且是不具自明性的逻辑公理，其作用仅是将分支类型论简化成简单类型论。因此，约化公理的必要性，以及这条公理能否消除悖论，便进一步激发起人们对逻辑主义者的质疑与争论，并成为众矢之的。有人批评这不是逻辑所必需的，引进它显得过于任意了，虽然没有证明它是错的，但却没有证据表明它的正确性。有人则讽刺说：这条公理在数学中是没有地位的，是智力的廉价品，是重新引进了非直谓定义法。魏尔则明确宣布：放弃这条公理。

于是，经过这一场有关约化公理的争论，大多数数学家愿意接受简单类型论，而放弃与拒绝约化公理，他们认为：简单类型论虽然有缺陷与不足，但是借助于它可以推出全部数学。采纳约化公理则难以消除集合论悖论。罗素则为坚持他的逻辑主义立场，在1925年的《数学原理》（第二版）中试图回过头来抓住恶性循环原则不放，既不采纳简单类型论，又放弃了约化公理，而继续坚持分支类型论。这等于他放弃了逻辑主义的数学基础观，承认了从逻辑公理出发，通过分支类型论是推不出全部数学的。罗素承认："一直以来，我希望在数学中找到绝对的确定性消失在一个令人迷惑的迷宫中了，……它确是一个复杂的概念的迷宫"。

3.2　直觉主义

针对古典集合论的创立及其悖论的引发以及逻辑主义的"数学化归为逻辑"的数学基础观，一群早期持直觉主义和潜无穷观的知名数学家采取了截然不同和全然相反的立场，并否定无理数与实无穷的存在。庞加莱坚持潜无穷观，认为数学归纳法是一种直观的思想方法，他拒绝非直谓定义的思想，明确提出："数学的所有定义和证明都必须是构造性的"……真正提出与坚持直觉主义数学基础观的主要代表人物是荷兰的著名数学家布劳威尔（Brower，1881—1966）。

布劳威尔于1907年开始从事数学基础的研究，发表了一系列的论文：《数学基础》（1907），《逻辑规则的不可靠性》（1908），《论几何学的性质》（1909），《直觉主义和形式主义》（1912）。

在这些论文中，布劳威尔接受与发展了德国著名哲学家康德（Kant，1724—1804）的"数学概念源于心智的直觉，而独立于经验"及"数是心智创造的抽象实体"等直觉主义数学，提出了以可信性、能行性与可构造性为根本出发点的"直觉-可构造"的数学，排斥康托尔的实无穷集合及其超限数理论，批判逻辑主义的逻辑原理和公理化的经典数学。

3.2.1 直觉主义：直觉-可构造

以布劳威尔为主要代表人物的直觉主义的数学是："数学对象的存在是被心灵构造出来的"。布劳威尔赋予"构造"这个概念的涵义："直觉是人心对于它所构造的东西的清晰理解"，亦即把"构造"同直觉和人的心智连在一起。直觉主义在有关数学基础问题三大派之争的主要立场与观点是：

① 数学概念必须来自直觉。这种"直觉"不是对外部世界某事物的抽象概括，而是人脑思维的一种内省的心智的创造，是一种明白的易于被人接受的"原始直觉"。

② 数学的概念和方法必须是在有限步骤内有序地构造出来的。

③ "存在必须被构造"。

据此，直觉主义的数学基础实质上是建立在从潜无穷论引申出来的自然数论之上的。其原因是：

① 最基本、最简单的"自然数1"的概念，是源于心智的直觉（原始直觉）。这是最可信的、最容易被正常人所理解与接受的。

② 从自然数1开始，每次加1，便可将每一个自然数在有限的步骤内构造出来：

$$1,2,3,\cdots,n,\cdots$$

这是任何计算过程中可以普通应用的。

③ 关于这一构造过程是否会终结，直觉主义确信：这一构造过程是永不终结的，并永远处于构造的过程之中，是一个无穷序列（潜无穷）：

$$\vec{\mathbf{N}}:1,2,3,\cdots,n,\cdots$$

不会终结为一个包含全体自然数全体的集合：

$$\overline{\mathbf{N}} = \{x \mid x \in \mathbf{N}\}$$

永远处于构造过程之中的无穷序列 $\vec{\mathbf{N}}$ 及其用 $\varepsilon - \delta$ 语言定义的极限论，是建立在实数论基础上的微积分和数学分析学的基础，是可信与可构造的。

因此，直觉主义的根本出发点是可信性、能行性、可构造性；其数学基础是潜无穷论引申出来的自然数论；数学定义和定理证明都必须是直觉-可构造的。

3.2.2 排斥实在的无穷集合和超限数理论

一批坚持直觉主义及其潜无穷论的知名学者，在有关数学基础问题的三大派之争中，声称：实在的无穷集合及其超限数是不可构造的，攻击集合论是神秘主义，不是数学而是玄学；非直谓定义和悖论的出现都来源于对实无穷的肯定，讽刺集合论悖论是整个数学感染的疾病的一个征兆；公理化及其相容性这一个魔鬼没有任何的意义，……其正确性只可以通过直觉来判定；……

3.2.3 批判逻辑主义及其经典逻辑

直觉主义不仅坚持自然数和潜无穷论,排斥实在的无穷集,而且反对逻辑主义的数学基础观及其逻辑理论。

1. 数学先于逻辑

直觉主义反对逻辑主义者将数学化归于逻辑的立场与观点,指出:逻辑是属于语言的,它不是揭示真理的可靠工具;数学中最重要的进展都不是由逻辑形式化而得到的,而是由于理论本身的变革。据此,布劳威尔说:"人们把逻辑认为是某种超越和先于全部数学的东西,并不加检验地把它应用于无穷集合的数学";"逻辑并不是我们站立的基地,……事实上,它不过是一种特殊的、一般的数学定理"。因此,不是逻辑先于数学,而是数学先于逻辑;不是数学是逻辑的一部分,而是逻辑是数学的一部分。

2. 逻辑原理是不可靠的

布劳威尔指出:逻辑理论是从有限集合中抽象出来的,不能无条件地应用到无限性的对象上去。因此,必须用直觉主义的立场与观点分析哪些逻辑原理是允许的,哪些是有违直觉主义宗旨的。为此,必须按照直觉主义的立场,对逻辑原理进行分析、批判与重建。

首先,直觉主义对命题联结词提出了质疑,并给出了新的解释:

"非 p"指证明 p 为假,或假设 p 为真将导致矛盾;

"$p \wedge g$"指证明 p 真又证明 g 真;

"$p \vee g$"指或证明 p 真或证明 g 真;

"$p \rightarrow g$"则是这样一个构造,它使得我们可从任何一个假设中的 p 的证明,构造出一个 g 的证明"$\forall x A(x)$"因解为"任何 x(非全体 x)均使 $A(x)$ 成立"(因为"所有 x"和"全体 x"是无法检验或可构造出来的);"$\exists x A(x)$"是"有一个能行过程可以在有限步骤内找出使 $A(x)$ 为真的那个 x"。

这样,如果按照上述的直觉主义观点,那么通常被普通承认的一些逻辑原理和法则便不再成立了,其中最重要、最奇特、最具冲击力的是拒绝排中律($p \vee $非$p$ 必有一真)。

如果拒绝和否定排中律,则逻辑理论中的相当一部分法则便遭到否定,主要有

$$\sim \sim p \rightarrow p$$
$$\sim \forall x A(x) \rightarrow \exists x A(x)$$
$$\sim \forall x \sim A(x) \rightarrow \exists x A(x)$$

其中"$\sim$"表示"非"。

然后,直觉主义修改与补充了罗素的逻辑公理,提出了直觉主义逻辑,其中最主要的是直觉主义用逻辑公理 $p \rightarrow (\sim p \rightarrow g)$ 取代了罗素逻辑公理中的排中律($\sim \sim p \rightarrow p$)。

3.2.4 批判经典数学,重建构造性数学

直觉主义不仅批评逻辑原理是不可靠的,必须构建直觉主义逻辑,而且批判经典数学的非构造性,主张重建构造性数学。

1. 否认排中律

布劳威尔发现:排中律在历史上起源于推理在有限集上的应用,并从中抽象出两个有意义的或真或假的断言,然后,将其视为一条独立的先验的法则。但是,逻辑主义却将其不加证明地应用到无穷集上去了。

直觉主义者明确指出:所谓一个命题是真的,就是存在一个能行的过程在有限步骤内可以证明它为真;一个命题是假的,就是能行地在有限步骤内可证明它为假。这对于有限集而言,可以通过有限步骤检验每个元素来判定所有元素是否都具有某一性质 p,而对于无穷集而言,这个检验或构造处于无止境的过程之中,根本不可能判定其所有元素是否具有某一性质 p,因此,将这个规律(排中律)应用于无穷集上是无效的。亦即排中律可以应用于有限集,在无穷集上"$A \lor \sim A$ 必有一真"的排中律不是普遍有效的。

因此,布劳威尔认为:"承认排中律实际上便是承认对每一个数学命题都能或证明其真或证明其假"。然而事实上,数学中有大量的数学命题(诸如各种数学猜想),既没有能行地证明它为真,也没有能行地被证明它为假。布劳威尔于1908年在《论逻辑原理的不可靠性》一书中,对排中律的普遍有效性问题提出了质疑,1923年在《论排中律在数学特别是函数论中的意义》一书中明确地指出了:对无穷集合而言,一个命题除真假之外,还有第三种情况(不可判定的命题);没有第三值,而且更准确地说"排中律不假"。这种既不承认排中律为真,又承认排中律不假的"排中律矛盾的矛盾",虽然使人迷惑不解,但却区别了"真"与"不假"的差异。其意义在于:首次提出了无穷集合上的命题不仅有"非真即假",而且还有"不假"(不可判定)。

2. 限制反证法

由于直觉主义否认了排中律的普遍有效性,所以对于数学中常用的反证法(归缪法),必然加以限制。因为反证法的证明步骤是:

① 假设命题的结论不成立。

② 从上述假设出发进行演绎推理或证明,发现了所得结论与已知的数学概念和定理相矛盾。

③ 由此断言:"假设命题的结论不成立"是错误的,从而证明原命题的结论是成立的。

由此可见,反证法是应用排中律的一种证法。对此,直觉主义指出:反证法只证明了否命题的不成立,而没有证明原命题是成立的。所以,要证明一个命题必须从正面

证明,反证法只能用于证明否命题的不成立。

3."存在必须被构造"

直觉主义不接受数学中常用的存在性证明。例如,对于圆周率 π 的十进位小数表示式:

$$\pi = 3.141\ 592\ 653\ 589\cdots$$

它的每一位小数都可以在有限步骤内构造(或计算)出来,现在用下述方法定义一个数 d:

① 如果数列"0123456789"在 π 的十进数小数表示式中反复出现无穷多次,则规定 $d=1$。

② 如果数列"0123456789"在 π 的十进位小数表示式中只出现有穷多次,就规定 $d=0$。

按照数学上的通常理解,这个 d 是存在的,它或者是 0,或者是 1,因为①与②必有一个成立。

直觉主义者则认为 $\pi = 3.141\ 592\ 653\ 589\cdots$ 是可以接受的,因为它可以通过计算将其构造出来。但是,这个 d 是不存在的,因为"存在必须被构造",这个 d 是不能构造出来的。

又如,对数学中典型的非连续函数是区间函数:

$$f(x) = \begin{cases} 0, \text{如果 } 0 \leq x < \dfrac{1}{2} \\ 1, \text{如果 } \dfrac{1}{2} \leq x \leq 1 \end{cases}$$

直觉主义认为:一个实数 x 也是一个构造,而任给一个实数 $x \in [0,1]$ 的构造必须是所有 $x \in [0,1]$ 都相应指定一个值 $f(x)$。而这个定义不能一般性地判定是 $x < \dfrac{1}{2}$ 还是 $\dfrac{1}{2} \leq x$ 是实数,对于那些不能断定是 $x < \dfrac{1}{2}$ 还是 $\dfrac{1}{2} \leq x$ 的实数,也没有说明如何确定 $f(x)$。所以这个定义是不能接受的。

再如,连续函数性质之一的介值定理:"设 $f(x)$ 在 $[a,b]$ 上连续,并且 $f(x) \cdot f(b) < 0$,则存在一个 $c(a<c<b)$,使得 $f(c)=0$",对此,在数学分析中是用反证法来证明这个 c 是存在的。然而直觉主义则不接受这种非构造性的证明。因为这个 c 没有被构造。

4.重建构造性数学

根据直觉主义的数学基础观,布劳威尔等人不仅在数学中否认了排中律、反证法和存在性证明的普遍有效性,而且试图实施扬弃非构造性数学、构建构造性数学(包括构造性实数、构造性微积分、构造性集合论等)的庞大工程。

这样一来,不仅无穷集合是非构造的,而且实数系、微积分、现代的实数理论、勒贝格积分及其他数学结构都是非构造的。其结果是:以往数学中的大部分基本理论与思想方法都将被他们否定或扬弃,成为构造性数学的牺牲品。

希尔伯特批评直觉主义者"否认排中律等于是不让天文学家利用望远镜"。

例如,重建构造性的数学分析学,其关键在于:如何在可构造意义下得出实数和实数连续统的概念。因此,直觉主义者首先引进所谓"属种"(Species)的概念以取代康托尔意义下的集合概念。然后,给出一组确切的、能为有限句逻辑上无矛盾的语句所表达的规则 L,根据 L 就能把每一个自然数一个接一个地,无止境地构造出来,构成了一个全体自然数的属种。

在此基础上,布劳威尔引进了"选择序列"的概念,如此,直觉主义者便以"有理数选择序列"取代古典数学分析学中的有理数柯西序列概念,并称之为"实数生成子",而可构造意义下的单个实数被定义为实数生成子的一个等价属种。这表明:"对于任给 $\varepsilon>0$,总能找到一个 $\delta>0$,而绝非存在一个 $\delta>0$"。这样,便可建立可构造意义下的实数概念。

真正困难在于"可构造连续统"概念的建立,原因是:构造性数学只承认潜无穷,而实数却有不可数多个,递归实数是可数的,而连续统是不可数的。为此,布劳威尔曾尝试找一个尽可能与普通的连续统相接近的构造性的概念并为此奋斗终生。直至1919年,他终于利用"展形"(spread)概念巧妙地建造了符合构造性要求的连续统概念。其中关键的一步在于:不再是先实数后连续统,而是把每一个实数同时统一在一个潜无穷的构造性状态之中,如图 3-1 所示。

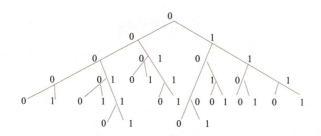

图 3-1 可构造连续统展形图

图 3-1 所示的展形连续统相当于一棵永远在生长着的树,其生长的规则是由树梢长出两枝,每枝长到有限长时又各生长出两枝,以此类推,永无止境地生长下去,每个开始长出分枝之处称为"节",又把每个"节"生出的两枝的"节"。

合在一起称为一"节时"。这样,除去树根的那个节之外,每个节都在一个节对中,现将每个节对中的一个节记为 0,另一个记为 1,0 与 1 称为节的标记。这样,我们把树根以下的一个节开始,一个节接着一个节生长下去的变程称为展形树的一个分支,便得到了一个可构造意义下的实数的二进表达式。值得注意的是:可构造实数的二进表达式的位数可以无止境地增多,但却总是有限的,而且只能给出哪一位算哪一位。因而完全不同于古典数学分析学中的实无限意义下的实数的二进表达式的含义。

如此一来,直觉主义意义下的单个实数就既不是在连续统生成之前,也不是在连续统生成之后一个一个地构造出来的,而是在建造出实数连续统的同时被构造出来。反过来,构造性意义下的实数连续统也是在构造出每一个构造实数的同时被构造出来。借助于展形概念可构造出"构造性连续统"的概念。

3.3 形式主义

针对逻辑主义和直觉主义者有关数学基础问题的立场与观点,希尔伯特则提出了形式公理主义的数学基础观。他的数学研究的主攻方向是代数不变量理论。1892 年,他任哥尼斯堡大学副教授,决定"离开不变量的领域",向一个新的领域——代数数论进军。从此,希尔伯特开始了黄金时代,1898 年开始他从数论领域转向几何基础,1899 年发表了《几何基础》这一名著,第一次给出了完备的欧几里得几何公理系统。全体公理按其性质(即关联公理、合同公理、次序公理、平行公理和连续公理分为 5 组),对它们之间的逻辑关系,提出了将几何公理化方法在欧几里得的"实体公理化"和非欧几何公理化的基础上,发展到形式公理化的新阶段,不仅提出了形式公理化的结构,而且给出了公理系统必须满足完备性、独立性和相容性的逻辑要求。其工作的意义超出了几何基础的范围,使他成为现代公理化方法的奠基人。

希尔伯特 1918 年以后,开始从事数学基础的研究,这方面的研究是希尔伯特早期关于几何基础工作的自然发展,其主要思想被概括为所谓形式主义计划。当时的动机是:给数提供一个不用集合论的基础,因为当时他已将几何的相容性约化成算术的相容性,从而使算术相容性成为一个没有解决的具有前沿性与关键性的数学问题。为此,他试图直接证明算术相容性,并战胜直觉主义者克罗内克的抛掉无理数的观点。期间面对直觉主义和逻辑主义发表的有关数学基础问题的立场与观点。他先后发表了《公理化思维》(1917)、《数学的新基础》(1922)、《数学的逻辑基础》(1922)、《论无穷》(1925)、《数学的基础》(1927)、《理论逻辑基础》(与阿克曼合著,1928)、《数学基础》(两卷与贝尔纳斯合著,1934—1939)等论著或讲演,其中提出了形式主义的立场与观点(称之为"希尔伯特计划")。

3.3.1 形式主义:形式公理化及其相容性

希尔伯特在 1927 年的论文中宣称:"为了奠定数学的基础,我们不需要克罗内克的上帝,也不需要庞加莱的与数学归纳法原理相应的特殊理解力或布劳威尔的基本直觉,最后,我们也不需要罗素和怀特海的无限性、归纳性以及完备性公理。这些公理是切实的基础的命题,但是不能通过相容性的证明来建立"。

于是,形式主义或形式公理化的基本立场与观点是:

1. 肯定实无穷集合及其超限论

赞赏康托尔创立的古典集合论和策梅洛提出的集合论的公理化思想,肯定"真实无穷乃是通过人们心智过程被插入或外推出来的概念",以集合论为基础可以定义各种数学概念,并为数学各分支提供了很好的基础。对直觉主义的集合论的改造与否定,则持反对的立场。

2. 反对逻辑主义将"数学还原于逻辑"的宗旨

赞同逻辑主义的逻辑原理和保存经典数学的尝试,主张逻辑和数学必须同时研究,并注意逻辑的作用。反对逻辑主义将"数学还原于逻辑"的宗旨,指出:"数学和逻辑之间存在着质的区别""单靠逻辑绝不能得以建立数学""数学不是逻辑的一种结果,而是一种自然存在的法则,是一门独立于逻辑的科学分支"。

3. 拒绝直觉主义的立场与观点

反对全盘否定排中律;主张保留经典数学的主要成果。

4. 提出数学的真理性是形成公理化及其相容性

致力于直接证明形式算术系统的相容性,并将整个数学建立在形式算术系统相容性的基础上。

3.3.2　数学的形式公理化

希尔伯特的数学思想源于柏拉图主义的"数学研究的对象尽管是抽象的,但却是客观存在的""数学家提出的概念不是创造,而是对某种客观存在的描述"。1926 年,他在一篇文章中说:"数学思维的对象就是符号本身,符号就是本质,它们并不代表理想的物理对象;公式可能蕴涵着直观上有意义的叙述,但是这些涵义并不属于数学"。

因此,希尔伯特指出:"数学的形式公理化"就是要纯化掉数学对象的一切与形式无关的内容和解释,使数学能从一组符号化了的公理出发,构成一个纯形式的演绎系统。在这个系统中,那些作为出发点而不加证明的命题被称为公理或基本假设,而其余的一切命题或定理都能遵循某些设定的形式规则和符号逻辑法则逐个地依次地推演出来。所谓公理系统的相容性(无矛盾性)指的是这个演绎系统中不能同时包含一个命题和它的否命题。

于是,数学的形式公理化是从一组符号化了的公理出发,推理或证明本质上是从公理或某已知的符号公式通过设定的推理规则,推出另一个新的符号公式的符号操作。数学本身是一连串或一堆符号化了形式系统,相容性的证明只需证明该系统永远不会得出诸如"1 = 0"这个形式的语句。于是,对于数学的形式公理化,希尔伯特在 1925 年的文章中说:"在我们曾经历过的两次悖论中,头一次是微积分悖论,第二次是集合论悖论,我们不会再经历第三次,而且永远也不会"。

3.3.3 希尔伯特计划及其证明论设想

1. 希尔伯特计划及其证明论设想的核心

希尔伯特试图直接证明"形式算术系统是相容的",其目的是:将全部数学建立在形式公理化的基础之上。

希尔伯特计划的主要内容有:

① 证明经典数学的每个分支都可公理化。

② 证明这样的一个系统是完备的,亦即任何一个系统内的可表命题均可在系统内得到判定其为真或假。

③ 证明每个这样的系统都是相容的。

④ 证明每一个这样的系统所相应的模型都是同构的。

⑤ 寻找这样的一种方法,借助于它,可以在有限步骤内判定任一命题的可证明性。

2. 证明论设想的核心思想

有鉴于形式公理化及其相容性所需要的"模型"是不能取自感性世界或物理世界的,希尔伯特创造性地提出了一种将"命题证明"作为研究对象的,用数学的方法来研究"命题证明"的元数学或证明论(有的学者称其是"用数学的方法研究数学")。

其核心思想是:

① 将数学理论分成"对象理论"和"元理论"两大类,其中对象理论是指数学所研究的对象,元理论则是研究对象理论所使用的数学理论。

② 选择或使用合适的强有力的元理论,使其足以保证在有限步骤内能判定或证明对象理论的确定性与真理性。

对此,在1928年召开的国际数学大会上,希尔伯特非常自信地断言:"利用这种新的数学基础,人们完全可以称之为证明理论,我将可以解决世界上所有的基础性问题"。他尤其相信能解决相容性和完备性问题。也就是说,所有有意义的论述将会被证实或推翻,那样也就不存在悬而未决的命题了。

由此可见,希尔伯特计划及其证明论设想在数学史上首创了"用数学方法研究数学(证明)"的新思路,将数学理论分成对象理论和元理论,用强有力的元理论去证明对象理论的确定性与真理性,标志着用数学方法研究数学基础问题进入了深化阶段,达到了新的水平,并诞生了数理逻辑的第二分支——证明论。

3. 元数学或证明论的数学思想方法

希尔伯特在设计元数学或证明论的总体思想时,处于两难的状态之中。一方面希望保存经典数学的基础概念和经典逻辑的推理原则,特别是那些与实无穷有关的概念与方法,如实的无穷集合,以及排中律等在无限论域上的使用;另一方面,又不得不承

认或接受直觉主义的可信性与构造性只存在于有限之中的宗旨。于是,他不得不:

① 将全部数学分成"真实数学"和"理想数学"两大类,具有真实意义的只包含有限性属于真实数学,这是可信的、能行的、可构造的。理想数学则是涉及无穷集合和超限数的部分。它不具有真实意义,只不过是一种理想中存在的观念。

② 在直接证明算术形式系统相容性问题中,采用"有穷主义的数学方法"。这种有限方法既是人们普遍承认的具体而有限的推理,又很接近直觉主义的构造性原则,并且不涉及有争议的诸如由矛盾去证明存在、超限归纳、选择公理、存在性证明等必须被构造的原则。

③ 将可信性与可构造性准则下的有穷主义数学作为元理论,希尔伯特的元数学或证明论便成为:使用有穷主义数学的构造性方法(包括递归式方法),去证明理想数学(算术形式系统)的相容性问题。这实质上是从有限性观点出发来理解超穷方法之应用。而且,其"有限性"的概念是模糊不清的,其"有穷主义数学"是理想而非实在的无穷集(有的学者指出它相当于原始递归算术的一个弱扩张,有的则称其实质上是潜无穷论)。

1931年,哥德尔不完全性定理证明了希尔伯特试图用有穷主义数学去直接证明形式算术系统的相容性是不可能的,因为任一形式算术系统是一个"不可判定命题",是不完备的(或不完全的),在系统内部不可证明,在系统外则可能是可证明的。

3.3.4 围绕形式公理化之争

在有关数学基础问题的三大派之争中,最为集中而激烈的是关于形式公理化及其数学真理性问题。

其一,什么是形式公理?

希尔伯特的形式主义将数学基础建立在形式公理化之上,而基础概念和公理又是由无含义的数学符号来表述的,它和任何具体事物与内容无关。并强调公理是由基础概念表述的,基本概念的确定又必须依靠公理,公理意义的确定又必须依靠基本概念。这种互相依靠的结果,使基本概念和公理变成了没有任何具体内容的符号组合,由基本概念和公理推出的数学便成为一堆符号的形式系统。于是,罗素和逻辑主义者:"数学这门科学是既不知道它说些什么,也不知道它所说的是否真确的一门学问"。因为基本概念没有定义,所以不知道数学说些什么;因为公理没有证明的,所以人们不知道数学"说的是否真确"。在《数学原理》(1937)第二版中,罗素指出:"形式主义者所使用的算术公理不能准确地限制符号0,1,2,…的含义。……数的逻辑定义明了地与现实世界联系起来,而形式主义理论却做不到这一点"。

其二,相容性与真理性之争。

形式主义和逻辑主义一样,都是从公理系统出发,不同的是:逻辑主义者当追到逻辑公理系统时，不再持有原来的对公理体系的观点，而要求逻辑公理系统具有内容，而且想法设法探求逻辑规律的真理性，究竟体现在什么地方；形式主义者则不然，他们认为数学的公理系统或逻辑的公理系统，其中基本概念都是没有意义的，其公理也只有一行行的符号，无所谓真假，只要能够证明该公理系统是相容的，不互相矛盾的，该公理系统便得承认，它便代表某一方面的真理，连逻辑公理系统也认为是没有内容的，于是，便只留下"相容性"即"不自相矛盾性"作为真理所在了。希尔伯特坚持认为任何实体的存在性都可以通过实体被引入时所在的数学分支的相容性所保证。1923 年，布劳威尔认为："尽管公理化、形式化的处理可以避免矛盾，但也因此不会得到有数学价值的东西，一种不正确的理论，即使没能被任何反驳它的矛盾所驳倒，它仍是不正确的"；"对于在那里能找到数学严密性的问题，……直觉主义者说在人类的理智中，形式主义者说在纸上"。……在这场大辩论中，原来不明显的意见分歧扩展成为三大学派的争论。他们都提出了各自的处理一般集合论中的悖论的方法，这些学派之间的相互争论，把数学基础的研究推向高潮。

3.4 数学基础问题三大派之争的简要评述

本章主要简述数学基础问题，对研究中所形成的三大学派的不同观点，不同思想方法之间的理解，命名为"主义"。

由罗素发现与提出的集合论悖论以及集合论公理化中发现与提出的 ZFC 系统相容性证明危机所引发的有关数学基础问题的三大派之争，事关"数学的本质及其推理的确定性与真理性问题"，于是吸引了数学界、逻辑学界和语义学界等众多学科及其具有重大影响力的领军人物的关注与参与。在这场激烈的争论中，虽然分歧很大，相互对立，各说各的，依然没有取得一致的答案。但是历史表明：它不仅为数理逻辑主要内容的形成和发展有很大的促进作用，也提供了契机与动力，在它的直接影响、启迪与促进下，推动了大量的新思想、新见解与新知识出现，并促进多学科的创新与繁荣。这一场有关数学基础问题三大派之争，从 1902 年开始大约到 1928 年左右逐渐地平息下来。现对这场有关数学基础问题的争论作一简述。

3.4.1 否定了逻辑主义的将"数学化归为逻辑"的宗旨

在有关数学基础问题三大派之争的过程中，罗素和逻辑主义者提出的将数学化归为逻辑的宗旨，不仅遭到直觉主义、形式主义和广大数学家们的反对与否定，而且他们自己也最终承认这是"一个令人迷惑的迷宫"，并最后放弃了这一宗旨。其原因不仅是过于夸张了数学和逻辑在演绎结构上的同一性，抹杀了数学和逻辑学之间的质的差异性。而且其根本原因在于逻辑主义是立足于逻辑学，其出发点与目的是将"数学化归为逻辑",他们应用数学的方法研究与变革亚里士多德(Aristotle,公元前384—公元前322)的传统逻辑(逻辑的数学化)的最终目标,是为了创立与发展他们的逻辑学(数学的逻辑化)。

但是,我们不能因为逻辑主义的宗旨被否定而忽视或抹杀了罗素和逻辑主义者对数学所作出的以下历史性贡献。

1. 创立与完善了逻辑演算,为数理逻辑学奠定了共同基础

弗雷格最早引进函项与量词理论,并创立了逻辑演算。罗素和怀特海合作的巨著《数学原理》则进一步完善了命题演算和谓词演算系统。从而为数理逻辑主要内容的形成奠定了共同基础。而且命题演算和谓词系统的公理化方法,虽然其公理系统是纯逻辑的,但是逻辑演算这样的工作却成为公理化方法在近代数学发展中的一个重要起点。

2. 罗素肯定与赞赏康托尔古典集合论的实无穷观

罗素称赞康托尔工作"可能是这个时代所能跨越的代表性工作",康托尔的超限算术是"数学思想的最惊人的产物"。他和逻辑主义者提出了"逻辑-类(集合)-数学"的理论体系,虽然误认为集合论是属于逻辑范畴的,而且集合论是又分类又分级的支离破碎的分支类型论。但是毕竟指出并坚持认为:整个数学是建立在集合论的基础之上的。

3. 发现了集合论悖论,提出了分支类型论的解决方案

数学史表明,罗素发现与提出了集合论悖论之后,数学的发展经历了如下过程:"罗素发现与提出集合论悖论→在探索排除集合论悖论的可能性方案中,策梅洛提出并实现了集合论的公理化→ZFC系统的相容性至今难以证明→有关数学基础问题的三大派之争→数理逻辑主要内容的形成与发展"。由此可见,集合论悖论的提出引发了第三次数学危机,是这一历史过程的主要动因。据此,罗素不仅完善了命题演算和谓词演算系统,为数理逻辑提供了共同基础,而且是有关数学基础问题三大派之争和数理逻辑主要内容形成的主要推动力。

在探索排除集合论悖论的可能性方案中,罗素提出的分支类型论,虽然是立足于逻辑学的,但是其中的恶性循环原则、量性限制原则,以及在此基础上发展起来的简单类型论,对悖论的研究和排除都具有重要意义,现有的一些解决悖论的方案无不溯源于罗素提出的这些思想方法。

3.4.2 形成了直觉主义和形式主义的对立

在有关数学基础问题三大派之争中,立足于逻辑学的"将数学化归为逻辑"的逻辑主义宗旨,虽然以失败告终,但是罗素和逻辑主义者在其中坚持了如下立场与观点:

① 赞赏康托尔的实无穷集合;

② 接受全部数学必须建立在集合论的基础上；

③ 推崇数学的公理化方法；

④ 坚持保存经典数学和逻辑原理。

很显然，上述立场与观点和形式公理主义的立场与观点存在着的共同点或相似点，因此，如果立足于数学本质，那么有关数学基础问题三大派之争的结果，是形成了直觉主义和形式主义的对立。其主要分歧为：

(1) 立足点各异

直觉主义的宗旨是心智的"直觉-可构造"，其出发点在于批评与改造经典数学与经典逻辑，试图将经典数学改造为构造性数学。而形式主义则立足于捍卫经典数学的可靠性与有效性。反对将经典数学进行大杀大砍。

(2) 无穷观的对立

直觉主义坚持整个数学基础是建立在自然数系基础上的实数论。自然数系是一种不断延伸、永不终止的潜无穷，亦即

$$\vec{\mathbf{N}}:\{1,2,3,\cdots,n,\cdots\}$$

形式公理主义则确认：整个数学的基础是建立在实无穷集及其超限数基础上的。自然数系在不断延伸的基础上，经"跳跃"式思维是可以穷竭的，亦即

$$\overline{\mathbf{N}}:\{1,2,3,\cdots,n,\cdots\}$$

(3) 数学推理方法的差异

直觉主义提倡以知识发现的归纳推理为主，如图 3-2 所示。

图 3-2　归纳推理示意图

形式主义则赞赏知识创新的演绎推理，如图 3-3 所示。

图 3-3　演绎推理示意图

(4) 数学推理规则的不同

直觉主义坚持"证明必须被构造"，拒绝"排中律"。形式主义则认为：数学推理规则必须从公理系统出发，按演绎规则，从已知推出未知，可以使用排中律。

综上所述，如果从理论体系的角度审视直觉主义和形式主义的对立，可以将其表

示如图 3-4 所示。

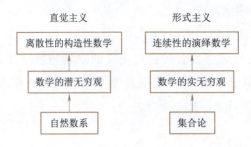

图 3-4　直觉主义和形式主义理论体系示意图

由此可见：

① 直觉主义和形式主义的对立，实质上是自古以来数学发展中的算法化和公理化这两大主流思想对立与统一的继续与深化。

② 直觉主义和形式主义对立的核心，是数学中潜无穷观和实无穷观的对立，这意味着两种不同的相对真理性的模式，它们之间是对立的，又是可以兼容的。

③ 数学直觉主义和形式主义的对立，为 1930 年左右开始的用数学方法研究数学基础问题的数学实践奠定了基础，提供了动力。

第 4 章

数理逻辑主要内容的形成

20世纪初的有关数学基础问题的三大派之争,既是数学与多学科的不同分歧的理解之争,又是用数学的思想方法探索与研究数学基础问题的学术之争,其结果是形成了直觉主义和形式主义的对立。1928年,希尔伯特针对当时用数学方法研究数学基础问题的现状,提出了数理逻辑急需解决的四个中心问题,这意味着:

① 有关数学基础问题三大派之争将逐渐地平息下来。

② 数理逻辑学家们的主要精力将投入到用数学方法研究数学基础问题的数学实践中。

③ 为数学基础问题研究的数学实践明确了关键,指出了方向。

1929年,年仅23岁的奥地利青年逻辑学家兼数学家哥德尔站在风口浪尖上,敢于向世界级的数学大师提出的四个中心问题发起攻击,并罕见地在短期内解决了这四个中心问题,给出了不同于希尔伯特的结论。哥德尔的卓越贡献不仅在数理逻辑主要内容形成中发挥了基础性和关键性的作用,而且开辟了新的纪元。

4.1 希尔伯特的四个中心问题和哥德尔的卓越贡献

4.1.1 希尔伯特提出了四个中心问题

希尔伯特是形式主义的鼻祖,在有关数学基础问题三大派之争中提出了"希尔伯特计划"又称"证明论计划",是在20世纪初数学基础问题的论战中,旨在保卫古典数学、避免悖论以解决数学基础问题的一种方案。

这是一种用数学方法研究"数学证明"的全新数学理论。20世纪初,悖论尤其是罗素悖论的出现,引起了当时数学界和逻辑界的极大震动。它直接冲击了以严谨著称的数学和逻辑学科,动摇了传统的数学概念、数学命题和数学方法的可信性标准,也就是说悖论的出现关系到整个数学的基础问题,从而引起所谓第三次数学基础危机。其目的是试图一劳永逸地消除对数学基础可靠性的怀疑,将数学基础建立在公理集合论和他的证明论之上。1928年,在意大利波伦那举办的国际数学家大会上,希尔伯特针对当时用数学方法研究数学基础研究的现状,将其中最为关键的问题从混乱之中分离出来,提出了数理逻辑(数学基础)急需解决的四个中心问题:

① 用有穷论方法证明分析的相容性。
② 把相容性证明推广,特别是证明选择公理的相容性。
③ 数论和分析的形式系统的完全性(完备性)。
④ 一阶逻辑的完全性。

4.1.2 哥德尔的卓越贡献

哥德尔针对希尔伯特提出的四个中心问题,立足于直觉主义的宗旨,将判定性与完全性作为切入点,不仅在短期内解决了希尔伯特的四个中心问题,而且给出了不同于希尔伯特的答案。

① 1929年,哥德尔开始分析与研究一阶逻辑的完全性问题(希尔伯特提出的第④个中心问题),对其作出肯定性结论,提出并证明了"哥德尔完全性定理"。

② 1930年,哥德尔开始冲击与研究希尔伯特的第①个和第③个问题,对这两个问题都给出了否定性结论,1931年提出并证明了哥德尔不完全性定理。

③ 1938年,哥德尔证明了广义连续统和选择公理对于集合论其他公理(ZF系统)的相容性,对希尔伯特提出的第②个问题作出了另外一种相对的解决。

由此可见,哥德尔的卓越贡献遍及数理逻辑的各个领域,在数理逻辑主要内容的形成与发展的过程中发挥着基础性与关键性的作用,而且在如此短的时间内,一个人解决了具有世界前沿性的四个中心问题,这在数学和科学史上都是罕见的。

4.1.3 希尔伯特和哥德尔兼容了公理化和算法化思想

希尔伯特提出四个中心问题的立足点是坚持形式主义的宗旨,其数学基础观是:数学系统是完全的,数学定理是可证的;而哥德尔在解决这四个中心问题时,则立足于心灵的直觉主义。其数学基础观是:数学系统是不完全的(不完备的),有的数学定理是不可证明的。希尔伯特的数学方法是数学形式化,坚持从公理系统出发,通过演绎推理证明数学定理,其关注点是数学连续性与严密性;而哥德尔则将判定性与完备性作为切入点,通过构造一个被证明其存在的例证,并以此进行证明定理(构造性的证明方法),其着力点是算法的概括。由此可见,在用数学方法研究数学基础问题中,希尔伯特坚持形式主义的公理化思想,而哥德尔则立足于"直觉—可构造"的算法化思想。

但是,难能可贵的是这两位数理逻辑大师,在坚持各自数学基础观的同时,却对公理化思想和算法化思想采取了兼容的立场。希尔伯特的证明论设想采用"有穷主义数学"作为元理论是承认或接受直觉主义的结果;而哥德尔不仅在数学实践中兼而用之,他的数学哲学观还明确地表示理想化与无限性的集合论、公理化、自然数集合等数学抽象概念是客观存在的,理应加以接受与应用。所以,他们认为:公理化和算法化虽有质的差别,但不应绝对地对立起来,而应兼容起来,在必要时兼而用之。

4.2 数理逻辑主要内容的形成

数理逻辑主要内容是在集合论创立之后,在集合论悖论所引发的有关数学基础问题三大派之争基础上,应用数学方法研究数学基础问题的数学实践中,以逻辑演算为共同基础依次形成了"公理集合论""证明论""递归函数论""模型论"四个分支。

4.2.1 公理集合论

公理集合论是在排除集合论悖论的可能性方案的探索中,以策梅洛提出的集合论的公理化方案为基础形成与发展起来的。由于以策梅洛为主提出的 ZFC 系统的相容性至今难以证明和选择公理的必要性与独立性存在着不同立场与观点的争论。所以,数学家们普遍关注 ZFC 系统的改进与新的公理系统的寻找,更多的则首先关注康托尔提出的连续性假设在公理集合论中的地位,以及连续统假设能否由给出的公理系统出发,形式地得到被证明或被证否,于是,连续统假设能否得到证明便成为公理集合论进一步深化与发展的主要动力或主攻方向。

① 哥德尔在 1935 年和 1938 年分别发表了《选择公理和广义连续统假设的一致性》和《广义连续统假设与 ZFC 系统一致性证明》,不仅证明了选择公理(表为 AC)与 ZF 系统是一致的(相容的),而且证明了广义连续统假设(表为 GCH)与 ZF 系统也是一致的(无矛盾的)。哥德尔的主要思想方法是:

首先,引进并定义了由递归定义序列 L_α 构成的"可构成集 L"的概念:

$$L = \bigcup_{\alpha \in on} L_\alpha$$

然后,引出了"可构成公理(哥德尔)":V = L,并证明 V = L 在 L 中是成立的,这样,如果 ZF 是协调的,则

$$L \models ZF + AC + GCH \text{ 和 } L \models ZF + V = L + AC + GCH$$

因此,ZF + AC + GCH 就一定是协调的。

哥德尔的这一"相对协调性定理"的发现与证明,曾被人们普遍认为连续统假设有希望在 ZFC 系统内获得证明。

② 1963 年,美国斯坦福大学著名学者科恩(P. Cohen,1930—   )应用"力迫法",假设连续统假设是假的,证明了:连续统假设与选择公理相对于 ZF 系统是相互独立的。"力迫法"的主要思想是:从已知模型出发构造一个为解决特殊问题所需要的模

型,于是,为解决 CH 和 CA 相对于 ZF 系统独立性所需要的模型,科恩假设连续统假设是否定的(记为 $2^{\aleph_0} = \aleph_1$,"¬CH"),然后,应用力迫法,从 M 是 ZFC 系统中的一个可数传递模型出发,构造一个扩张,使不断扩张中的 N 也是 ZFC 系统中的可数传递模型,并且 $2^{\aleph_0} = \aleph_1$ 在 N 中为真。如此不断地扩张下去,便可构造出 $N \geq 2^{\aleph_0}$(如 $N = \aleph_3$,$\aleph_4, \cdots \aleph_{\omega=1}, \aleph_{\omega+1}, \cdots$),都是 ZFC 系统中的可数传递模型,并且 $2^{\aleph_0} = \aleph_1$ 在其中为真。这就证明了连续统假设相对于 ZFC 的独立性定理(ZFC→ZFC + ¬CH)。

③ 这样一来,哥德尔假设连续统假设是真的和科恩假设连续统假设是假的,都得出了连续统假设、选择公理和 ZF 系统都是协调的与独立的结论。这一奇异的结论被人称为是现代数学中的"魔三角"。它们之间存在着如下的关系:

① 三者之间是彼此独立的。

② 三者之间是互相相容的。

③ ZFC 系统以及连续统假设在 ZF 系统中是不可判定的(既不可证明,又不可证伪)。

这在一定意义上表示:公理集合论面临着与欧几里得几何学中证明了平行公设独立性之后的相似形势,亦即是否存在着连续统假设在其中不成立的集合论(人称"非康托尔集合论")? 然而,对柯恩的独立性结果及其意义,数学界还存在着不同的意见。有人认为柯恩的结果只能说明 ZF 系统是不完备的,因此,又出现了寻求新的集合论公理系统的主张与努力,试图用新的公理来取而代之。于是,"魔三角"不断推动着公理集合论向纵深方向发展。

4.2.2 证明论

在有关数学基础问题三大派之争中,希尔伯特提出了形式主义的立场与观点,并宣布了他的元数学或证明论的设想(详见第 3 章的 3.3)。

1. 提出"证明论设想"的过程

1904 年,在海德堡第三届国际数学大会上,希尔伯特做了题为《论逻辑和算术的基础》演讲,其中他批评了当时有关算术基础的各种观点(包括逻辑主义将算术还原于逻辑的观点),提出了用他的公理化方法可以为数的概念提供严格而完全令人满意的基础。

1917 年,希尔伯特发表了《公理化思想》,开始将主要精力转向数学基础问题的研究。他在这篇演讲中提出了与数论和集合论的一致性相联系的几个重要问题,并指出了必须探讨数学证明的概念。

1922 年,在汉堡的一次会议上,希尔伯特发表了《数学的新基础》的演讲,其中在激烈地批判直觉主义立场的同时,提出了用符号逻辑的方法将数学定理和证明形式化,构成形式系统,并将形式化的公式和证明当作直接对象(注:这里不仅首次提出了将"证明"当作数学研究的直接对象,而且提出了证明的形式化、机械化思想)。接着,他在莱比锡德国自然科学家大会上发表了《数学的逻辑基础》的讲演,其中指出:……对于通常的形式化数学而言,在一定意义上要附加一门新的数学,即元数学。……元数学也被称为"证明论"。他强调"有穷观点"是对全称量词和存在量词的规则作出新的处理(将其化归为"超穷公理")。证明算术的一致性就是证明在任何形式推演中都有一个数值公式作为结尾,而它不同于公式 $0 \neq 0$。1925 年的《论无穷》,是希尔伯特关于数学基础问题代表作及其主要论点有:

① 必须把逻辑演算和数学证明本身形式化。

② 有两种无穷:潜无穷和实无穷。在现实世界中无处不能找到无穷,无穷是一种超乎经验之外的理性概念。所以,希尔伯特将数学分成了"真实数学"和"理想数学"两大类。

③ 必须采用有穷观点和有穷方法。

1930 年,他发表了《数学的基础》一文,进一步详细地论述了他的元数学或证明论的设想。其主要点是强调:

① 为了消除对数学基础可靠性的怀疑,避免出现悖论,必须绝对地证明数学的一致性,将数学奠定在严格的公理化的基础上。

② 元数学或证明论主要研究形式系统的一致性证明,是一种非形式的直观的数学。

③ 元数学或证明论中所采用的方法只限于"有穷方法"。"有穷"一词用来指"所涉及的讨论,断定或定义都必须满足其对象可以彻底产生出并且其过程可以彻底进行的要求,因此,可以在具体观察的论域中实现"。其意是:

● 所谈论的对象是产生出来的,而不是假定的。

● 如果定义域推演的过程不能在有穷步骤内终止,那么就不能承认,需要多少步骤,事先可以确定(实质上是非实在的潜无穷论)。

2. 哥德尔不完全性定理给证明论设想以致命一击

正当希尔伯特及其支持者满怀信心地开始用有穷方法(元理论),去直接证明任何算术形式系统的相容性问题(对象理论)这一具体的数学实践时,1931 年,哥德尔针对希尔伯特的证明论设想,发表了具有里程碑意义的题为《论数学原理中的形式不可判定命题及有关系统》文章,其中提出了哥德尔不完全性定理,证明了:任何一个算术形式系统都是不完全的。哥德尔这一重要定理的提出与证明,又一次惊动了整个数学界,对希尔伯特计划及其证明论设想则是一个致命的打击。

与此同时,哥德尔指出:他的不完全性定理只是证明了用有穷方法试图直接证明全部数学理论或任一形式算术系统的相容性问题是绝不可能的,但是,并没有否定证明论的能行性与正确性。如果从系统外证明,或者用更强有力的推理工具(元理论)来证明算术形式系统的相容性问题还是有可能的。

3. 证明论从设想变成科学

哥德尔不完全性定理不仅证明了希尔伯特的证明论设想是不可能实现的,并且从本质上揭示了证明论的内在局限性,为证明论设想的研究指出了正确的方向。面对哥德尔不完全性定理的致命一击,希尔伯特是一位乐观主义者,并具有顽强科学精神,他深信:"对于数学的理解,是没有界限的,在数学中没有不可知的,……"。于是,他和他的支持者在坚持证明论设想及其宗旨的同时,开始了修正证明论设想的思路,开辟与寻找证明论新的研究方向与道路。主要有:

其一,放宽公理系统有限性限制,允许使用更强有力的直觉而自明的"超限归纳法"。这样,1936 年,根茨(G. Gentaen,1909—1945)采用"超限归纳法"先后证明了算术公理系统、微积分和数学分析的(实数)系统是相容的,并开创了证明论中"序数分析"(衡量元理论强度)这一核心分支。

其二,将证明论的公理系统相容性拓展至研究证明的结构及其复杂度等问题。

其三,直接证明全部数学相容性的目标虽然难以实现,但是将某一数学系统作为研究对象却是一个很有前途的发现与发明的领域。

这样一来,希尔伯特的证明论设想,便从原来的设想变成为用数学方法研究数学证明的一门科学。

4.2.3 递归函数论(递归论)

在数学发展史上,最早作为一整类可计算函数的实例是原始递归函数。在哥德尔不完全性定理的证明过程中,不仅第一次给出了原始递归函数的精确定义,而且为可计算函数的探索与研究奠定了基础,提供了动力。

1. 递归函数论创立的两大动因

一是,在哥德尔不完全性定理的证明过程中,应用并精确定义了"原始递归函数"的概念,在此基础上,为寻找与探索是否还存在别的可计算性函数,进而创立了《递归函数论》。

二是,在哥德尔不完全性定理的证明中,哥德尔巧妙地构造了一个"真的,但不可证明"的不可判定命题。既然任何算术形式系统中都存在不可判定命题,那么数学中某些"重要而特殊问题"能否在有限的步骤内断言(或判定)其具有可计算性呢?所以,"判定问题"是递归函数论发展与深化的强大动力。

2. "递归函数论"创立的过程

1931 年,在哥德尔不完全性定理的证明过程中应用与精确定义了原始递归函数概念之后,由于原始递归函数是定义在自然数基础上的,以自然数为定义域与值域的一种直观上可计算性函数,其特点是:从初始函数(零函数、后继函数和常量函数)出发,经"递归"与"合成"而生成的。例如,如果定义:

$$f(1) = 1$$
$$f(n+1) = f(n) + 3$$

则依次可类推地计算出:

$$f(2) = f(1) + 3 = 1 + 3 = 4$$
$$f(3) = f(2) + 3 = 4 + 3 = 7$$
$$\vdots$$

因此,为在原始递归函数的基础上寻找与探索是否还存在着别的可计算性函数,大约 1936 年左右,几乎同时出现了三种描述可计算函数或算法的数学模型,它们是:

① 克林(S. C. Kleene,1909—1994)在哥德尔的原始递归函数概念基础上,定义了"艾尔伯朗-哥德尔-克林一般递归函数"。

② 丘奇(A. Chuch,1903—1995)引进了"λ 可定义函数"(或称"λ 换位演算")。

③ 图灵(A. M. Turing,1912—1954,见图 4-1)提出了理想计算机理论及其可计算函数(图灵可计算函数)。

不久,发现这三种不同的分别而独立提出的可计算性函数是相互等价的。于是,丘奇和图灵先后断言:"一切算法可计算函数都是一般递归函数"。

在此基础上,递归函数论的注意力转向了各种相对可计算性和由此产生的"不可解度"或"计算复杂性"的研究。

3. 递归函数论的拓展

在有关某些特殊数学问题的判定问题研究中,1970年,苏联青年数学家马蒂雅舍维奇在前人成果基础上,最终证明了希尔伯特于 1900 年提出的 23 个问题之第 10 个

图 4-1 图灵

问题(丢番图方程可解性的判定问题),并断言:希尔伯特所期望的一般算法是不存在的。这一深刻的结论,被确认为 20 世纪重大事项成果之一。

在关于不可计算集合的复杂性问题的研究中,引出了"归约"和"度"的概念,并使其在递归论中占据主导地位。

现代递归论则从"可计算性"进一步深入到"可定义性"的研究。因为可定义性一方面包括了可计算性,同时又可把研究范围扩展至实数集合或序数集合。

4.2.4 模型论

模型论是数理逻辑主要内容形成中最后创立的一个独立的分支。它源于 1920 至

1930年间的句法学与语义学的研究。1929年,哥德尔的一阶逻辑完全性定理的证明,为模型论提供了一个基本定理:

"一个可以形式化的命题集在逻辑上是无矛盾的,当且仅当该命题集有一个模型"。由此,又可推出模型论的另一个基本定理(骆文海-斯科伦定理,人称紧致性定理):

"在任一特定的形式语言系统中的任何语言集T,如果T的任意有限语句集是相容的,则整个语句集T必是无矛盾的"。

1931年,哥德尔不完全性定理发表之后,波兰数学家塔斯基(A. Tarski,1901—1983)在《形式语言中真值概念》(1933)中,提出了形式语言的真假问题,开创了研究形式语言技巧与解释之间关系的模型论。

从此开始,模型论成为一个十分活跃的研究领域,数学家们致力于数学结构或模型的探索,或者说通过数学模型性质的分析来研究数学理论的性质。具体而言,主要有:

① 研究数学模型与数学理论之间的关系。

② 研究各种数学模型之间的关系,为各种数学理论建立相应的模型。

③ 应用模型论及其思想方法,对已知的数学模型进行改造或扩张,进而,将数学理论建立在新的模型上。例如,人们都认为诸如皮亚诺的自然数5条公理和希尔伯特的实数公理系统都是完备的,而且可唯一地刻画了所研究的对象。但是,在模型论的研究中,却发现这些公理系统并没有唯一地刻画了所研究的对象,而且是可以用完全不同的模型来加以刻画的。于是,为区别原本的公理系统,把这些新发现的模型称为"非标准模型"。1960年,美国著名数理逻辑学家鲁滨逊(A. Robinson,1918—1974)应用模型论的思想方法,将实数结构扩张为包括无穷小和无穷大的结构。其非标准实数域 $^*\mathbf{R}$ 的元素(数)的结构如图4-2所示。

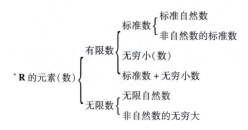

图4-2 非标准实数域 $^*\mathbf{R}$ 的元素(数)的结构图

$$\text{有限数} = \text{标准实数} + \text{无穷小}$$

其中"无穷小"是由所有等价于0的实数所构成的集合。

由此可见,非标准实数域 $^*\mathbf{R}$ 模型,将其元素(数)分成有限数(包括无穷小)和无限数两大类,$^*\mathbf{R}$ 中的任一有限数都可表示为:

这样,便可在非标准实数域 $^*\mathbf{R}$ 上的基础上,建立起"非标准分析",它完全等价于建立在标准实数域 $\mathbf{R}$ 上的数学分析。其重要意义是:不仅复活并提升了微积分创立者之一的莱布尼茨倡导的但长期备受争议的实的无穷小算法,并第一次为其提供了逻辑基础,而且建立在集合论基础上的非标准分析的思想方法,既简捷又方便,可被广泛地应用于数学的许多分支。

4.2.5 数理逻辑主要内容是用数学方法研究数学基础问题的重大成果

由上所述,数理逻辑主要内容的形成过程可用图 4-3 表示。

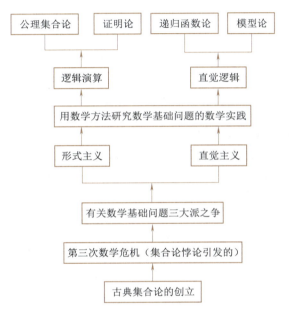

图 4-3 数理逻辑主要内容的形成过程示意图

由此可见:

① 数理逻辑的主要内容是由逻辑演算、公理集合论、证明论、递归函数论和模型论等五个部分构成的,其中逻辑演算是公共基础,"四论"则是数理逻辑的核心内容。

② 数理逻辑是建立在集合论基础上的,用数学方法研究数学基础问题的产物,是数学基础的第二块基石,是彻底数学化了的符号逻辑的集合论。

③ 数理逻辑首次兼容了公理化和算法化这两大数学主流思想,确认了算法化思想是数学相对真理性的模式之一。

4.3 哥德尔完全性定理

弗雷格的《概念语言》及罗素和怀特海合著的《数学原理》都已较为完整地建立了

命题演算和谓词演算系统,分别是永真式和普遍有效公式构成的形成系统。但是,其相容性和完全性是未加证明的。关于命题演算系统的完全性定理已由逻辑学家波斯特(Post Emil Leon,1897—1954)于1921年证明,而一阶逻辑(谓词演算)尚未得到证明。

4.3.1 一阶逻辑的哥德尔完全性定理

形式主义认为形式公理系统的数学真理性是由其相容性、独立性和完备性所决定的。其中完备性是要求从公理系统能确保推导出所论的数学某分支的全部命题或定理。因此,必要的公理不能省略,否则它将得不到所能推出的结果。

据此,如果一阶逻辑演算系统是完全的,则其必须满足:

① 如果命题 A 为真,则 A 必是逻辑演算系统内的形式定理(亦即该系统包含了所有得到了证明的普遍有效公式,无一遗漏)。

② 如果命题 A 是逻辑演算系统内的形式定理,则 A 必为真。

于是,哥德尔以判定性与完备性为切入点,对希尔伯特提出的一阶逻辑的完全性问题作出了肯定性的结论,并提出了如下哥德尔完全性定理:

"如果一阶逻辑中的任一公式 A 是普遍有效的,则 A 是可证的",或者"一阶逻辑中的任一公式 A,或者是可证的,或者 $\neg A$ 是可满足的(或 A 不是普遍有效公式)"。

4.3.2 哥德尔完全性定理的证明思想

哥德尔是以判定性与完备性作出切入点,对一阶逻辑完全性作出肯定性结论的。于是,他根据构造主义的"存在必须被构造"的原则,采用了构造主义的证明方法,首先寻找或构造一个能证明其存在的例证,然后,应用这一例证去证明哥德尔完全定理是成立的。为此:

其一,必须应用谓词演算中的范式(一阶谓词的一种规范化的标准形式)。

其二,将一种称为斯科伦范式作为证明的一阶逻辑完全性的例证(一阶逻辑中的范式有前束性范式和斯科伦范式两种)。

其三,证明斯科伦范式是存在的。

其四,用证明了的斯科伦范式去证明一阶逻辑的完全性。

4.3.3 哥德尔完全性定理的证明过程

根据《数理逻辑发展史》的介绍,哥德尔是选择了"一阶逻辑演算的任一公式 A,或者是可证的,或者是 $\neg A$ 是可满足的"来加以证明的。其过程是:

其一,使用了1920年挪威数学家斯科伦(T. Skolem,1887—1963)的论文《对数学命题的可满足性或可证明性的逻辑组合的研究:骆文海定理的简化证明及推广》中的一个结果:一阶谓词演算中的每一个合式公式都有一个斯科伦前束范式(即全称量词都在存在量词前的范式),它们可以互推,并由此可得:一个公式是普遍有效的,当且仅当它的斯科伦范式是普遍有效的。因此,我们只限于证明所有具有斯科伦范式的普遍有效公式是可证的。

其二,设任一普遍有效公式 A 的斯科伦范式 A_n 是:

$$(\exists x_1)\cdots(\exists x_k)(\forall y_1)\cdots(\forall y_i)B(x_1,x_2,\cdots,x_k;y_1,y_2,\cdots,y_i)$$

我们先构造一些公式。由个体变元的无穷序列 $x_0,x_1,x_2,\cdots$ 所组成的 k 元组 $(x_{i1},x_{i2},\cdots,x_{ik})$ 是可数的,按照熟知的分式来数,……我们把第 n 个 k 元组记为 $(x_{n1},x_{n2},\cdots,x_{nk})$,此外再以 B_n 表示一下公式:

$$B_n(x_{n1},x_{n2},\cdots,x_{nk},x_{(n-1)2+1},x_{(n-2)2+2},\cdots,x_{ni})$$

在这个公式中,分号以后的个体变元与分号以前的个体变元是绝对不相同的,同时与在以前的公式 $B_m(m<n)$ 中所曾出现过的一切变元不相同。另一方面,当 $n>1$ 时,变元 $x_{n1},\cdots,x_{nk}$ 却已经在 $B_m(m<n)$ 中出现过了。

其三,引进并令

$$C_n \text{ 为 } B_1 \vee B_2 \vee \cdots \vee B_n$$

这个 C_n 中无量词,C_n 又可看成是一个命题公式(亦即把不同的谓词变元看成是不同的命题变元,把带有不同变元的相同谓词也看成是不同的命题变元)。因此,可以考虑 C_n 是不是重言式的问题,并将 C_n 的全称闭包记为 D_n,这样,C_n 有两种情况(注:这里应用了排中律):

① 有一个 n 使 C_n 是重言式。因而 C_n 可证,按后件概括原则:D_n 也可证,于是,用数学归纳法可以证明:$D_n \to A_0$,这样,斯科伦范式是可证的。

② 没有一个 n 使 C_n 重言式,则斯科伦范式 A_0 不是普遍有效的,我们可以给出一些以自然数为个体域的数论谓词,把它们代入 A_0 的谓词变元中之后,得到了一个假命题,从而使 $C_1,C_2,C_3,\cdots$ 变假。(注:在这个过程中,哥德尔应用了无穷集合中的一条"葛尼希引理"。)

其四,如果 A_0 在自然数域上是假命题,亦即 $\neg A_0$ 是下式:

$$(\forall x_1)\cdots(\forall x_k)(\exists y_1)\cdots(\exists y_i)\neg B(x_1,x_2,\cdots,x_k;y_1,y_2,\cdots,y_i)$$

变成一个真命题。由此证明了 $\neg A_0$ 在自然数域是可满足的。由于 A 与 A_0 是可以互推的,所以由①与②,便可证明哥德尔完全性定理:或者 A 是可证的,或者 $\neg A$ 是可满足的。这表示:如果 $\neg A$ 是不满足的,则 A 可证(亦即如果 A 是普遍有效的,则 A 可证)。

4.3.4 哥德尔完全性定理的意义

哥德尔完全性定理证明了:

$$\text{普遍有效} \Rightarrow \text{在自然数域(可数无穷域)有效} \Rightarrow \text{可证}$$

其中"⇒"表示推出。

这一结论的主要意义有：

① 哥德尔完全性定理证明了命题演算和谓词演算系统是相容的和完备的。建立在逻辑公理系统上的,经逻辑演算所得的命题都是永真式,谓词公式都是普遍有效的。

② 证明了一阶逻辑演算系统具有：

$$\text{有效性} \Leftrightarrow \text{可证的}$$

其中"⇔"表示等价或互推。

对此,哥德尔强调：……对判定问题来说,包含着把不可数的东西化归为可数的东西,因为："有效的"指的是函项的不可数总体,而"可证的"预设的只是形式证明的可数总体,因此,哥德尔完全性定理在不可数总体与可数总体之间架起了一道联系的桥梁。

③ 哥德尔完全性定理不仅标志着逻辑演算(命题演算和谓词演算系统)的进一步完善(证明了系统的相容性与完全性),而且为数理逻辑的"模型论"打下了基础,开辟了道路。

4.4 哥德尔不完全性定理

针对希尔伯特提出的第③个问题(数论和分析的一致性)和第①个问题(用有穷论方法证明分析的一致性),1931年,哥德尔发表了《论〈数学原理〉及其相关系统的形式不可判定命题》。1934年春,他在普林斯顿高等研究院发表了题为《论形式数学系统的不可判定命题》的讲演,对1931年的论文作了改进、补充和发展。

4.4.1 哥德尔不完全性定理的提出

哥德尔不完全性定理的提出是针对希尔伯特计划及其证明论设想的,它将判定性与完全性作为切入点,对其给出了否定性的结论,先后提出了两个任意形式算术系统不完全性定理。

① 哥德尔第一不完全性定理：如果形式理论 T 是以容纳数论并不矛盾的,则 T 必是不完全的。

② 哥德尔第二不完全性定理：如果形式算术系统是简单一致的,则不能用系统内的形式化方法证明它。

4.4.2 哥德尔第一不完全性定理的证明思想

有鉴于哥德尔第一不完全性定理相当于：如果系统中存在某一真命题 A,则 A 和它的否定¬A 在系统内是皆不可证明的,或简言之"A 是真的,但不可证明"。于是,哥德尔第一不完全性定理的证明思想是:立足于直觉主义,采用不使用排中律的构造性证明方法,其关键在于构造出一个"真的,但不可证明"的不可判定命题,并以此为例证,证明哥德尔第一不完全性定理(如果 A 是真的,则不可判定)。

为此,哥德尔联想到"说谎者的悖论"(详见第 2 章 2.2),试图借助于这个语义性的悖论,巧妙地构造一个不可判定命题。其思维过程是:

1. 这个推理过程与说谎者悖论是十分相似的

说谎者悖论不同于一般的"$A \Leftrightarrow \neg A$"(肯定与否定相等价的复合命题),而是一个论断者和被论断者是混而为一的,否定者自身包括在被否定之对象中,故人称其为"自关联"悖论。如果将论断者(一个克里特人)记为 L,则有:

$$L:L 是假的$$

这一命题的特点是对自身的否定。如果断言 L 为真,则 L 为假;如果断言 L 为假,则 L 为真。但如果论断者不是一个克里特人,就命题自身 L 而言,则 L 为假推不出 L 为真。因为 L 为假说明并非每个克里特人总说谎,但推不出 L 为真。所以,哥德尔说:"说谎者悖论和构造一个不可判定命题的思维过程是十分相似的"。

2. 用可证性代替真实性

由于语义性的说谎者悖论忽视了语言的层次性,混淆了两个不同"层次"的语言,将 L 等同于"L 是假的"。于是,为消除说谎者悖论的语义性矛盾,哥德尔意识到真假概念不能在算术形式系统中表达,领悟到真实性和可证性是两个既有联系又有区别的概念。于是,哥德尔首次创造性地将真实性与可证性区分开来,并用可证性代替真实性,构造了一个不可判定命题 P:

$$P:P 是不可证明的$$

有鉴于这一命题所断言的正是自身的不可证明性。因此,仿照说谎者悖论中的推理过程,我们可以断言 P 是不可证明的。

3. 构造了"P 是不可证明"的不可判定命题,便表明系统是不完全的

因为如果这一命题得到了证明,它是真的,这就相当于它是不可证明的,又有了矛盾。如果 P 是真的(亦即它的否定¬P 是假的),那么可断言¬P 是不可证明的。这样,P 和它的否定¬P 都是不可证明的。这就表明了系统是不完全的。

4.4.3　哥德尔第一不完全性定理的证明过程

哥德尔第一不完全性定理实质上是对于任一以形式算术系统为子系统的形式系统,如果 T 是相容的,就一定是不完全的。

于是,哥德尔总的设想是:应用希尔伯特的证明论思想,将"形式算术系统是相容的"作为元理论,将"系统的不完全性"作为对象理论。然后,建立起元理论和对象理

论之间的一一对应关系,使上述的所构造的不可判定命题(P 是不可证明的)既属元理论,又属证明的最终目标的对象理论。如果实现了这一关键点,则哥德尔第一不完全性定理便得到了证明。

为此,哥德尔在第一不完全性定理的证明过程中,其思维或步骤的主要点是:

1. 建立起元理论和"哥德尔数"之间的一一对应关系

① 哥德尔首先构建了一个由符号以及应用符号的机械规则所组成的自然数算术的形式系统。其目的在于最终证明这一形式算术系统是不完全的。

② 引进"哥德尔数"的概念及其配码法,在形式算术系统中的整数、公式、证明和哥德尔数之间建立起一一对应关系,见表4-1。

表4-1 形式算术系统与哥德尔数之间的对应关系

符 号	↔	→	∧	∨	¬	∀	∃	=	+	·	,	o	(	)	…
哥德尔数	1	2	3	4	5	6	7	8	9	10	11	12	13	14	…

对每一个不同的自然数变元则配以大于14的不同素数。例如,x 配以17,y 配以19,z 配以23。这样一来,哥德尔数既是自然数又可表达自然数性质的公式。例如公式:

$$(\exists z)(z' + x = y)$$

按表4-1有:

(	∃	z	)	(	z	,	+	x	=	y	)
|	|	|	|	|	|	|	|	|	|	|	|
13	7	23	14	13	23	11	9	17	8	19	14

因此,这个公式的哥德尔数为自然数序列:

$$2^{13}, 3^7, 5^{23}, 7^{14}, 11^{13}, 13^{23}, 17^{11}, 19^9, 23^{17}, 29^8, 31^{19}, 37^{14}。$$

这样一来,形式算术系统中的初始符号、每个公式以及证明等都和自然数的一个子集合之间建立起一一对应的关系,虽然并非每一个自然数都是哥德尔数,但是如果给出一个表达式,那么与这个表达式唯一对应的哥德尔数便可计算出来。反之,给出一个自然数,也能判定它是不是一个哥德尔数,如果它是哥德尔数,那么它所对应的表达式便可得出。

2. 元理论及其语法的算术化

为了将元理论的这些表达式及其彼此之间的关系都变为相应的哥德尔数及其彼此之间的关系,必须将元理论及其语法加以算术化,将元理论中的谓词变为哥德尔数的算术谓词。其目的是将这些相应的算术谓词表达在形式算术系统之中,使其出现双重意义下的算术谓词。为此:

其一,将元理论中的谓词"D 是一条公理"、谓词"D 是 E 和 F 的直接后承"、谓词

"Y是公式A的一个证明"等变为用哥德尔数表示的算术谓词(注:算术谓词的这种表示法已属于直观的非形式的算术,而不是形式算术系统的公式)。

如果达到了这一目的,不可判定的命题就能构造出来。

其二,为将元理论谓词相应的算术谓词表达在形式算术系统中,必须解决数字和自然数性质的"可表示性问题"。为此,哥德尔引进、应用并精确定义了"原始递归函数"的概念。粗略地说:原始递归函数是建立在自然数论基础上的,对每一组给出的变元值而言,其函数值可以从常量函数0,后继函数与投影(或恒等)函数这些初始函数,用"代入"和"原始递归"这两种定义新函数的方法定义出来。然后,在此基础上证明了相应的算术谓词是原始递归的。如果能进一步证明原始递归谓词可在系统中表达,那么关于系统的元数学命题"这个命题在系统中是不可证明的"就可在系统中表达,从而不可判定命题也就可构造出来。于是,哥德尔简要地证明了原始递归函数在系统中的数字可表示性和原始递归谓词在系统中的数字可表示性。

如果$R(a_1,\cdots,a_n)$是一个原始递归谓词,则有一个原始递归函数$\phi(a_1,\cdots,a_n)$使得:

$$\begin{cases}\phi(a_1,\cdots,a_n)=0,若R(a_1,\cdots,a_n)为真;\\ \phi(a_1,\cdots,a_n)=1,若R(a_1,\cdots,a_n)为假。\end{cases}$$

因此,系统中有一个形式的函数表达式$H(u_1,\cdots,u_n)$表达为$\phi(a_1,\cdots,a_n)$,则有

若$R(m_1,\cdots,m_n)$为真,则$H(u_1,\cdots,u_n)=Z_0=0$是形式可证的。

若$R(m_1,\cdots,m_n)$为假,则$H(Z_{m1},\cdots,Z_{mn})=Z_1$,因而$\neg H(Z_{n1},\cdots,Z_{mn})=0$是形式可证的。

其三,这样一来,对象理论中的一部分命题就获得了双重的意义。就其自身而言,是属于对象理论的,然而,在上述的一一对应之下,它们又间接地具有元理论的意义。

3. 构造并证明"P是不可证明"的

经过上述主要步骤后,哥德尔开始采用"理查德悖论",具体地进行"P是不可证明"的构造。哥德尔指出:这一过程与理查德(J. Richard,1883—1953)悖论之间存在着明显的共同之处。理查德悖论发表于1905年,这一悖论可表述为:"自然数的性质可以用有限长的语句进行描述,由于对有限长的语句可以按字母的词典顺序进行编号,因此,我们就可以对所有自然数性质进行编号,又由于编号本身也是自然数……",这样显然会出现两种可能性,或者作为编号数的自然数恰好也具有它所代表的性质,或者编号数并不具有它所代表的性质。这时,我们将后一种编号数称为"理查德数",将前者称为"非理查德数"。显然,所说的数的"理查德性"也是自然数的一个性质,并且可用有限长的语句来描述。据此,按照上述所说的编号方法,也就有相应的编号数P。如果要考虑是否为"理查德数",则容易得出:P为理查德数,当且仅当P不是理查德数,矛盾。

由此可见,理查德悖论的构造过程与哥德尔引进哥德尔数及其编码法,使对象理论中的原始符号、合式公式及证明都获得了相应的编码数(哥德尔数),这一过程是十分相似的。于是,哥德尔借助于理查德悖论,通过对元理论中的命题与自然数命题之间的一一对应关系,进行了"P 是不可证明"命题的构造。

首先,在对象理论中构造出如下公式(二元谓词):

$$A(y,b)$$

这一公式是用数字 y 去取代哥德尔数为 y 的自由变元的。

其次,借助于理查德悖论中那个新的自然数性质(数的"理查德性")的构造方法,构成了如下公式:

$$S(y) = \mathrm{Def}(b) \neg A(y,b)$$

用数字 y 去取代哥德尔数为 y 的自由变元所得出的公式是不可证明的。

第三,由于 $S(y)$ 也是对象理论中的一个公式,因此,在上述对应下,就有哥德尔数 P。然后,就像在理查德悖论中可讨论代表数的"理查德性"的自然数是否具有"理查德性"那样,我们可将 P 代入 $S(y)$ 而得到如下公式:

$$(b) \neg A(P,b)$$

这表示:用数字 P 去取代哥德尔数为 P 的自由变元所得的公式是不可证明的。这样,哥德尔便具体地构造并证明了一个不可判定命题是存在的。

最后,利用这一自身不可证明的不可判定命题,证明了哥德尔第一不完全性定理。

哥德尔第二不完全性定理指出了希尔伯特试图用有穷论方法证明分析的一致性在形式系统内是绝对不可能的。对于这一定理,哥德尔在证明了第一不完全性定理的基础上,只勾画了一个证明大纲。哥德尔指出:在真的但不能由公理来证明的命题中,包括了这些公理是相容性的这一论断本身。也就是说,如果一个足以包含自然数算术的公理系统是相容的,那么这种相容性在系统内是不可证明的。

●●●●● 4.5　哥德尔不完全性定理的历史意义　●●●●●

哥德尔是 20 世纪美国数理逻辑学家。也是一个具有独特的创新精神的数学家。1931 年发表了著名的《数学原理》及其有关系统中的形式不可判定命题。

20 世纪初,哥德尔证明了形式数论(即算术逻辑)系统的"不完全性定理";采用一种不同的方法得到了选择公理的相容性证明。他还致力于连续统假设的研究,以后又证明了(广义)连续统假设的相容性定理,他的工作对公理集合论有重要影响,而且直接导致了集合和序数上的递归论的产生。其最杰出的贡献是哥德尔不完全性定理和连续统假设的相对协调性证明。

哥德尔不完全性定理不仅在用数学方法研究数学基础问题中发挥了基础性与关键性的巨大作用,而且不断地开辟了数理逻辑的新纪元。

哥德尔的不完全性定理思想方法是立足于直觉主义,采用数学方法论中非逻辑的、具有创造性的"猜想法",如图4-4所示。

图 4-4　猜想法示意图

亦即针对希尔伯特证明论设想(问题),以判定性和完全性作为切入点,对其作出否定性的猜想(未经证明的断言),然后采用不使用排中律的构造性证明方法证明了哥德尔不完全性定理,否定了希尔伯特的证明论设想。

正是这一否定性的"猜想",却带来了 20 世纪数学基础研究的划时代变革。其历史地位在《数学史概论》中指出:哥德尔不完全定理在 20 世纪数学基础研究中产生巨大影响,不仅被列为 20 世纪现代数学十大重要成果之首,而且在 20 世纪现代数学史写下了浓重一笔。

4.5.1　"真的,但不可证明"提升了数学真理层次

哥德尔在不完全性定理的证明中,破天荒地第一次将"真的"和"可证"区分开来,构造了一个"真的,但不可证明"的不可判定命题,以此为例证,不仅证明了哥德尔不完全定理,而且突破了人们对数学真理是可证的传统理解,将数学真理观从"可证"提升为"真的"这一崭新的更高层次。

1. "真的"和"可证"之间的联系与区别

"真实性"和"可证性"是既有联系又有区别的两个不同概念。在命题演算系统中,由于从逻辑公理出发,推导出来的命题都是永真式(逻辑规律),所以真实性和可证性是可以互推的:

$$真实性 \Leftrightarrow 可证性$$

在一阶逻辑系统中,由于谓词公理和由此推导出来的合式公式都是普遍有效的,所以哥德尔指出了:

$$有效性 \Leftrightarrow 可证性$$

这表明:在谓词演算系统中,有效性和可证性是等价的。

但是,形式算术系统已超越了逻辑的范畴,而且形式系统只能定义与表达可证性或可计算性,不能表达命题和判定问题的真假性。所以哥德尔巧妙地借助于"说谎者悖论"将"真实性"和"可证性"清晰地区分开来,并用"可证性"代替"真实性",将语言中的"真"提升为数学中的"真"。

什么是数学中的"真"（数学真理）？哥德尔认为这是一种"超穷思维"，亦即需要进一步的思想能动性及其超穷的思维方式才能抽象出来的高度超穷的数学概念或理论。因此，它在形式系统中是不能定义的。而"可证性"在形式系统中则是可以定义的，它是从形式公理系统出发，按一定的推理规则，在有限的步骤内可以机械地实现的。

2."真的，但不可证明"将数学真理推向更新更高的层次

传统的数学真理性是真实性和可证性不加区别，并视为"真的⇔可证的""假的⇔不可证的"。而"真的，但不可证明"显示了命题有三类：①真的（可证明）；②假的（不可证明）；③非真非假（不可判定）。因此"可证明⇔真的""假的⇔不可证明"，但是它们的逆命题却是不成立的，真命题未必可证明，不可证明的未必是假命题。这意味着：

① "真的"是比"可证的"更高层次的数学真理性。

② 不同类型与层次的数学都是建立在各自不同的基础或前提之上的相对真理。

③ 数学真理性的类型与层次是不可超越的。

3.真的，未必可证

哥德尔第二不完全性定理则指出了：如果一个足以包含自然数算术的公理系统是相容的，那么这种相容性在系统内是不可证明的，简言之：在形式系统内"真的，未必可证"。因为在形成系统内用"真的"证明"真的"等于没有证明。这表明：

① 证明是有严格的规范与界限的，超越了这个规范与界限，便会失去它的功能与作用。

② 由元理论出发推出或证明对象理论，其中元理论（证明的前提）必须具有足够的更强、更有效的数学工具，否则难以推出或证明相应的对象理论（证明的结论）。

③ 任何形式算术系统的相容性，在系统内是不可证的，在系统外则是有可能证明的。

4.5.2 首次揭示了形式化数学的内在局限性

哥德尔借助于"说谎者悖论"，用可证性代替真实性，对希尔伯特的证明论设想作出了否定性的结论。这在数学史上首次揭示了数学的内在局限性。其意义是：

① 给希尔伯特的证明论设想以致命一击，并首次揭示了数学证明的内在局限性（"真的，未必可证"）。

② "真的，未必可证"指出了在形式系统内希尔伯特的证明论设想是不能证明的。但在系统外则是有可能证明的。1936 年希尔伯特的学生根茨（G. Gentaen，1909—1945）使用"超限归纳法"证明了任意形式算术系统的相容性，亦即用超限归纳法证明了算术公理系统的无矛盾性。从而使证明论从设想变成科学，并成为数理逻辑的一个重要分支。

③ "真的,但不可证明"首次揭示了数学系统是不完备的,有的数学定理是不可证明的。这意味着任何数学系统都不可能将全体自然数性质都包罗进去,也不可能对自然数的一切性质作出数学的刻画或描述,而且总有某些问题从形式系统的公理出发是得不到应有解答的。因此,不仅数学证明,而且任何数学系统、数学计算、逻辑演算、智能机器、……都不是万能的,都具有内在的、不可克服的局限性。

4.5.3 首次定义并应用了"原始递归函数"概念

在哥德尔之前,已有一些学者使用了类似于原始递归函数的概念。在数理逻辑史上第一次给出原始递归函数精确定义的则是哥德尔。他在1931年和1934年证明不完全性定理的过程中,给出了原始递归函数的精确描述,并以原始递归函数为主要工具,运用编码技术将所有元理论进行了算术化表示。这意味着哥德尔不完全性定理,不仅证明了任何形式算术系统是不可判定的,而且揭示了函数有可计算和不可计算之别,而任何形式算术系统是不可计算的,原始递归函数是直观可计算的。

1. 关于原始递归函数的数学描述

根据《数理逻辑发展史》的介绍,哥德尔对原始递归函数的描述性定义是由如下三个要素构成的:

(1) 初始函数

(Ⅰ) 后继函数:$S(a) = a'$(任给 $a \in \mathbf{N}$,有 $S(a) = a+1$)。

(Ⅱ) 常数函数:$\phi(a_1,\cdots,a_n) = q$(n 是正整数,q 是自然数),用 C_q^n 表示。

(Ⅲ) 恒等函数:$\phi(a_1,\cdots,a_n) = a_i$($1 \leqslant i \leqslant n$,$i$ 和 n 是正整数),记为 U_n^i。

(2) 合成模式

(Ⅳ) 代入定义模式:$\phi(a_1,\cdots,a_n) = \psi(x_1(a_1,\cdots,a_n),\cdots,x_m(a_1,\cdots,a_m))$($n$ 和 m 是正整数,$\psi,x_1,\cdots,x_m$ 是已给的算术函数,ψ 是 m 元的,$x_1\cdots x_m$ 是 n 元的)。这表示:ϕ 被称为 $\psi,x_1,\cdots,x_m$ 的直接依存。原始递归 V 模式:

(V_a) $\begin{cases} \phi(0) = q \\ \phi(b') = \chi(b,\phi(b)) \end{cases}$($q$ 是自然数,χ 是给定的二元函数)

(V_b) $\begin{cases} \psi(0,a_2,\cdots,a_n) = \psi(a_2,\cdots,a_n) \\ \phi(b',a_2,\cdots,a_n) = \chi(b\phi(b,a_2,\cdots,a_n),a_2,\cdots,a_n) \end{cases}$

($n > 1$,ϕ 是给定的 $n-1$ 元函数,χ 是给定的 $n+1$ 元函数)。

在(V_a)中,ϕ 被称为 χ 的直接依存(复合函数);在(V_b)中,ϕ 被称为 ψ,χ 的直接依存。

(3) 生成序列

一个函数 ϕ 被称为原始递归的,如果存在着函数的一个有穷序列 $\phi_1,\phi_2,\cdots,\phi_k$($k \geqslant 1$),使得序列中每一个函数或者是一个初始函数,或者是前行函数的直接依存,结

尾函数 ϕ_k 是函数 ϕ（亦即 $\phi_k = \phi$），则这个有穷序列便称为 ϕ 的原始递归描述。

2. 原始递归函数是"直观可计算函数"

原始递归函数是定义在自然数论基础上的，其自由变元和函数值均为自然数的函数。通常，人们将用"纸"和"笔"在有限步骤内可以计算出来的函数称为"直观可计算函数"或"可计算函数"。所以，由初始函数出发，经代入模式和原始递归模式演算而生成的原始递归函数，显然是直观的可计算函数。其主要特征是：

① 从具有直观性与递归性的原始函数出发。

② 如果函数 ϕ 是从 ψ 和 χ 经代入和递归模式演算而得到的，且 ψ 和 χ 都是原始递归的，则 ϕ 必是原始递归的。

③ 原始递归函数是从初始函数出发，经有限步骤而生成的函数，其生成过程是一个有穷序列：

$$\phi_1, \phi_2, \cdots, \phi_k (k \geq 1)。$$

例如：$a+b$ 的定义式是
$$\begin{cases} a + 0 = a \\ a + b' = (a + b)' \end{cases}$$

现将 $a+b$ 表示成：$\phi(b, a)$
$$\begin{cases} \phi(0, a) = a \\ \phi(b', a) = (\phi(ba))' \end{cases}$$

则 ϕ 的定义如下：

① $S(a) = a'$ ——（Ⅰ）

② $\cup_1^1(a) = a$ ——（Ⅱ）

③ $\cup_2^3(b, c, a,) = c$ ——（Ⅲ）

④ $\chi(b, c, a) = S(\cup_2^3(b, c, a))$ ——（Ⅴ）

⑤ $\begin{cases} \phi(0, a) = \cup_1^1(a) = a \\ \phi(b', a) = \chi(b, \phi(b, a), a) \end{cases}$ ——（$Ⅴ_b$）

因为有穷序列：$S, \cup_1^1, \cup_2^3, \chi, \phi$ 是 ϕ 的原始递归描述，因此，$a+b$ 是原始递归的。同样，$a \cdot b, a^b, a!$ 也都是原始递归函数。

3. 原始递归函数在系统中的数字可表示性

哥德尔对原始递归函数给出了原始递归谓词（递归关系）精确的定义概念，并证明了它们也是原始递归的。接着，进一步证明了原始递归函数、原始递归谓词在系统中的数字可表示性。这样一来，形式算术系统中的原始递归函数以及"代入"和"递归"机制都具有数字表示性。递归性就是数字可表示性。

4.5.4 哥德尔的"配码法"本质上是被编码的机械化程序

哥德尔不完全性定理的证明，是根据直觉主义"证明必须被构造"的原则，在不使用排中律的构造性证明中，构造一个证明其存在的例证。然后，利用这一例证（相当于算法)证明了定理的正确性。为此,哥德尔首先引进了"哥德尔数"的概念。并采用"编码法",将形式算法系统中的初始符号、证明等和哥德尔数之间建立起一一对应的关系。然后,在元数学形式化的过程中将元数学谓词变为哥德尔数的算术谓词,使元数学中的某些数具有自然数和哥德尔数双重意义。从而证明了"真的,但不可证明"的不可判定命题是存在的。

据此,哥德尔不完全性定理的证明,是引进"哥德尔数",采用"哥德尔编码法",将证明过程编码成机械化程序(算法)。其意义是:

① 哥德尔数是一种通用的自然数语言符号。

② 哥德尔的"编码法"本质上是基于素数分布的被编码的机械化程序(是既不能被证明为真,也不能被证明为假的算法)。

③ 哥德尔数和哥德尔编码法为丘奇-图灵论题的创立提供了示范与基础。

4.6 哥德尔的数学思想

哥德尔是一个具有独特的创新精神的数学家,其数学思想的主要点是:

4.6.1 哥德尔的数学是建立在"概念实在论"上

以布劳威尔为主要代表的直觉主义学派在数学基础问题三大派之争中,提出了概念不仅来自心灵的原始直觉,而且是"心灵的原始直觉",数学理论与方法是心智的构造的数学思想。哥德尔则在数学与多学科相结合研究数学基础问题中,将布劳威尔的"心灵的原始直觉",拓展与提升为"概念实在论",指出了概念不仅来自心灵的原始直觉,而且可以来自心灵的"抽象直觉",强调数学概念(如"集合"这个概念)是客观的、独立于心灵的,我们可以通过认识概念来认识数学公理(如集合论的公理)的。说明概念具有客观性,它是有内涵的或有意义的。

哥德尔又指出,认识概念还有一个途径是:对客观概念的抽象直觉能力,是对诸如"集合""自然数""机械程序"等客观的、独立于我们心灵的抽象概念的直觉。这种实在的抽象概念、抽象对象等,通过我们的抽象直觉"给予"我们"第二类材料"("第一类材料"是实在中的物体感觉属性),并指出:这种对客观概念的直觉能力,与我们对物体的直觉能力是一样真实的。

于是,哥德尔认为:

① 集合是客观存在着的对象。

② 公理相当于科学方法论中的假设演绎法,可以作为数学理论的假设。

③ 自然数经理想化"跳跃"到对"自然数"概念的认识。亦即从认识有限的自然数跳到认识一个无穷的自然数集合。

这样一来,哥德尔建立在"概念实在论"上的数学思想和布劳威尔为代表的直觉主义便具有质的差异:

其一,实的无穷集合与超限数是客观存在着的对象,理应接受。

其二,公理系统相当于假设演绎法中的"假设",可以作为数学推理的出发点。

其三,从认识有限数出发,通过理想化的"跳跃",可跳到认识无穷的自然数集合。

其四,"排中律"不宜绝对排斥,在必要时也可使用。

4.6.2 构造性数学和非构造性数学可"和平共处"

按照哥德尔的"概念实在论",构造性数学和非构造性数学虽然具有质的区别,但是两者既对立又统一,理应相互兼容。在应用数学方法研究数学基础问题的数学实践中,哥德尔立足于构造性数学的算法化思想,对非构造性数学的公理化思想采取了"兼收并蓄"而决不可相互排斥,并将其贯穿于全过程中。例如:

① 在哥德尔完全性定理的证明中,引进无量词 C_n 时应用了排中律,在使 C_n 变假中,又引进了一条"葛尼希定理"。对于一阶逻辑中"真实性⇔可证性",则指出这是为不可数总体和可数总体之间架起了一座桥梁。

② 在提出哥德尔不完全性定理时,哥德尔先是看出算术真理在算术中是不可定义的,随后又注意到形式系统中的可证性是可以定义的,这才构造出一个在系统中可表达但不可证的真命题。这体现了直观的算术真理概念和准确的形式可证性概念之间存在着辩证关系。

③ 在《选择公理和广义连续统假设的一致性》一文中,为了证明集合论公理系统的相容性和选择公理的必要性,哥德尔不仅引进与构造了"可构成集 L",而且将"$V = L$"列为"可构成公理"。

④ 1933 年,哥德尔提出了一套名为"否定性翻译"逻辑,它证明了构造性数学和非构造性数学是可以和平共处的。

4.6.3 心灵是抽象直觉能力

丘奇-图灵论题的创立和计算机出现之后的 1951 年,哥德尔在多次讲演中按照他的不完全性定理讨论了心灵和机器之间的关系(人类和机器之间的关系)。他将整个数学分成客观数学和主观数学两大类:

- 客观数学:客观上真的数学命题的全体。
- 主观数学:人类能够证明的数学定理的全体。

客观数学存在着人类不可能认识的数学真理,并超越了任何一个一致的、可靠的形式系统中的数学;主观数学也超越了任何一个一致的可靠的形式系统中的数学,或者存在着我们不可能认识的数学真理。

在讨论人和机器的关系中,哥德尔将认识主体定位在不同于大脑的心灵,将心灵定义为具有那种直接认识抽象数学概念的抽象直觉能力,并强调"心灵超越了大脑的功能,也超越了像图灵机那样的机器能力"。这是哥德尔的基本信念之一,对理论计算机科学和人工智能理论的创立,起着重要的基础性作用。

第 5 章

丘奇-图灵论题的创立和计算机的出现

在哥德尔不完全性定理的证明过程中,为解决元理论形式化的可表示性,引进并精确定义了原始递归函数概念。由于这是一种直观上可计算的函数,以它为起点或基础,为寻求更一般的具有能行性的可计算函数及其算法,并给出它们的精确定义,1930年代曾掀起了研究与探讨可计算性函数及其算法的热潮,并从不同的视野出发,提出了三种不同的可计算性函数的数学模型。这一过程,显示了在原始递归函数的启示与刺激下,数理逻辑开始进入了算法和可计算性理论研究的新时期。其结果之一是:图灵-丘奇论题的创立和计算机的出现。

5.1 可计算性理论的兴起

哥德尔首次精确地给出原始递归函数的描述性定义之后,激起了人们在原始递归函数基础上进一步寻找与研究更为一般的可计算函数的热情,开始提出并猜测:原始递归函数是否穷尽了一切可计算的函数?结果很快发现了其答案是否定的。因为,令 $\phi_1,\cdots,\phi_n$ 表示原始递归函数的有穷序列,如果定义函数 $g(n)=\phi_n(n)+1$,则这个函数 g 直观上是可计算的,但它不出现在这一有穷序列之中,而且不是原始递归的。据此,可计算的但非原始递归的函数必是存在的。

5.1.1 阿克曼函数

希尔伯特在 1925 年《论无穷》的演讲中,提出了是否有些递归式可以定义非原始递归函数呢?他的学生阿克曼在 1928 年的《论实数的希尔伯特构造》中解决了这个问题。1935 年匈牙利数理逻辑学家塔特(Tate)将阿克曼函数作了简化:

$$\begin{cases} A(0,y)=y+1 \\ A(x+1,0)=A(x,1) \\ A(x+1,y+1)=A(x,A(x+1,y)) \end{cases}$$

例如，$A(1,y) = y+2$，$A(2,y) = 2y+3$，还有 $A(3,y) = 2^{y+3}-3$。粗略地说，$A(x+1,y)$ 是通过 y 次迭代运算 $A(x,y)$ 而得到的。

由此可见，阿克曼函数是一个同时对两个变元而递归的二重递归函数。

其一，这个递归过程直观地显示了阿克曼函数是通过前面的有穷函数值经有限步骤而计算出来的。如 $A(1,1)=3$，$A(2,1)=5,\cdots$。所以，它是可计算的；

其二，阿克曼函数具有一个特别的性质：对任一个一元的原始递归函数 $\phi(x)$，总可以找到一个数 a，使得对于所有的 y，均有 $\phi(y) < \psi(a,y)$。亦即 y 次迭代运算得到的 $\psi(a,y)$ 增长太快了，任何一个原始函数最终都会被它超越。所以阿克曼函数不是原始递归函数。

其三，当然也可通过其他方式证明非递归的可计算函数是存在的。例如，应用原始递归函数是一个有穷序列这一断言，采用康托尔对角线方法形式化构造出来的是可计算但非原始递归的函数。

由此可见，对于可计算但非原始递归函数，如果对诸如 $\psi(a,y)$ 中的"增长太快"的 y 加以限制，则还是有可能使其成为既可计算又是递归的函数。

5.1.2 三种可计算函数模型的提出

阿克曼函数的发现，虽然表明了可计算但非原始递归函数是存在的，但是除原始递归函数之外，是否还有其他可计算函数，以及如何给出相应的数学定义这一根本问题并未解决。于是，在 20 世纪 30 年代研究可计算函数的热潮中，最早提出一般递归函数精确定义的是法国学者埃尔伯朗（J. Herbrand）。他在 1931 年的一封致哥德尔的信中提出了一般递归函数的定义。然后，哥德尔在 1934 年的讲演《论形式数学系统 ψ 的不可判定命题》中，根据艾尔伯朗的提议，给出了一般递归函数的如下定义：

如果 ψ 表示一个未知函数，$\phi_1,\cdots,\phi_k$ 是已知函数，并且如果 ϕ 和 ψ 各以最一般的方式彼此代入，而所得表达式的某些对是相等的，那么若所得的函数等式集合对 ψ 有一个且仅仅有一个解，则 ψ 是一个递归函数。

哥德尔举了如下的一个例子：

$$\psi(x,0) = \psi_1$$
$$\psi(0,y+1) = \psi_2(y)$$
$$\psi(1,y+1) = \psi_3(y)$$
$$\psi(x+2,y+1) = \psi_4(\psi(x,y+2),\psi(x,\psi(x,y+2)))$$

ψ 就是由 ψ_1,ψ_2,ψ_3 和 ψ_4 通过等式而定义的一般递归函数。

1936 年左右，克林、丘奇和图灵几乎同时分别而独立地发现并提出了三种不同的可计算性函数及其算法的数学模式。

1. 艾尔伯朗-哥德尔-克林的一般递归函数

克林在 1936 年发表的《自然数的一般递归函数》中,改进了艾尔伯朗和哥德尔给出的一般递归函数的定义。

首先,克林给出了一系列符号,并描述或定义了项等式、等式系统等基本概念;

接着,提出了相当于代入与替换的 3 条运算规则;

然后,在此基础上,给出了一般递归函数的一个描述性的定义。其核心思想是:给出一般递归的一个算法 E(函数 $\delta_1 \cdots \delta_n$ 中的等式系),将函数计算看成是等式构成的形式系统的推导(如果 E 经 3 条运算规则可推导出 $\delta_i(k_1 \cdots k_{si}) = k$,则称函数 δ_n 被 E 递归地定义)。

1952 年,克林在《元数学导论》一书中,对 1936 年的定义作了改进,他采用没有混淆的形式系统内和形式系统外的两套符号体系,清晰地建立起一般递归函数的形式系统。该系统在提出必要的基本概念及其符号体系的基础上:

其一,将 1936 年的 3 条运算规则改为两条:

R_1(代入):从包含变元 y 的等式 d 可得这样一个等式,它是在 d 中以一数字 y 代 y 所得的;

R_2(替换):由一个不含变元的等式 $r = s$(大前提)及等式 $h(z_1, \cdots, z_p) = z$,h 为函数字母而 $z_1, \cdots, z_p, z$ 为数字(小前提)变到另一个等式,由把 $r = s$ 内右端 s 中某个 $h(z, \cdots, z_p)$ 的出现(或几个出现)同时地换以 z 而得到。

其二,利用哥德尔元数学算术化方法,将 1936 年的定义改为:

如果 f 是原始递归函数,并且 $(\forall x_1) \cdots (\forall x_n)(\exists y)(f(x_1, \cdots, x_n, y) = 0)$,那么 $\mu y(f(x_1, \cdots, x_n, y) = 0)$ 是一般递归函数(其中 μ 表示"最小数算子")。

由此可见:

① 一般递归函数是建立在自然数论基础上的,从原始递归函数出发,经代入与替换的运算而推导出来的可计算函数。

② 一般递归函数是原始递归函数的扩充。

③ 一般递归函数包括全体初始函数、原始递归函数和满足 $\mu y(f(x_1, \cdots, x_n, y) = 0)$ 的部分递归函数。

2. 丘奇的 λ 可定义性函数

丘奇是美国数学家。在 1933 年的论文《逻辑基础的一组公设》中,首次提出了 λ 可定义性函数的概念,它是以 λ 转换演算为基础的,而 λ 转换演算是一种定义函数的形式演算系统(简称为"λ 演算"),丘奇为精确定义可计算性而提出的,它处理的是带一个变元的函数。

他引入的 λ 记号以明确区分函数和函数值,并把函数值的计算归结为按照一定规则进行一系列转换,最后得到函数值。

(1) λ演算的函数表达式

λ演算的思想方法源于一种简便的函数表示法(用函数表达式来表示函数,亦即将"函数"和"函数在某一点之值"区分开来),类似于弗雷格的函项(将 $y=f(x)$ 和 $y=f(\ )$ 区别开来)。于是,丘奇利用谓词逻辑中将变量替换表达式的演算,将函数表达式记为:$\lambda x f(x)$。

其中"λ"(朗目他)是希腊字母。罗素和怀特海合著的《数学原理》中有 $\hat{x}(x \cdot x)$ 的记法,表示括号里的 x 是变量,$\hat{X}$ 是函数。丘奇仿效这一记法,但在排版时,将 $\hat{X}$ 的"帽子"误排为 λ。于是,λ 便成为丘奇无名函数的代名词。

"x"是自由变元;

"$f(x)$"则表示函数 $y=f(x)$。

(2) λ演算的计算规则

对于 $y=f(x)=x \cdot x$,丘奇先用变量 x 替换函数 $f(x)$,将其表示为:

$$x \mapsto (x \cdot x)$$

再用 λ 替换 $\mapsto$,便有 $\lambda x(x \cdot x)$。

然后,丘奇指出:λ演算(变量替换函数)必须分为①替换变量 f,②函数求值,并强调:这需要加上一条重要的计算规则(称之为"β归约"):表达式 $(x \mapsto t)u$ 可以变为 t,并把其中的变量转换为表达式 u。

例如,$f(4)=4 \times 4=16$,需经过:

① 替换变量 f 得到 4。

② 函数求值得到 $4 \times 4=16$。

为求得 $4 \times 4=16$,则必须通过"β归约"规则,将表达式 $x \mapsto (x \cdot x)(4)$ 变为 $4 \times 4=16$。

由此可见,丘奇的 λ 演算,使用了三条计算规则:

R_1:代入

R_2:替换

R_3:β归约

(3) 给出了 λ 可定义性函数的定义

丘奇坚信他的 λ 演算及其计算规则可以模拟任何计算,"λ 可定义性函数"可用 λ 演算来加以表示或定义,于是,他以 λ 演算为基础,给出了 λ 可定义性函数的如下定义:

如果能找到一个公式 F,使得如果 $F(m)=r$,并且 m 和 r 都是公式,则称 F 是 λ 可定义性函数。

3. 图灵的理想计算机及其可计算函数

图灵是英国著名的数学家和逻辑学家,被称为计算机科学之父、人工智能之父,是计算机逻辑的奠基者,提出了"图灵机"和"图灵测试"等重要概念。

图灵最具影响力的代表作是《论可计算数,及其在判定问题上的应用》(1936年5月28日《伦敦数学会学报》收到,发表于1936—1937年的42卷)其中用一种理想计算机(人称"图灵机")精确地定义了能行可计算函数,并独立于丘奇,否定地解决了一阶谓词演算的判定问题。

图灵发表这篇永载史册的具有划时代定义代表作的初衷是让他的图灵机模拟人类计算者当时利用纸和笔进行计算的方式,用机器代替人类计算者完成计算任务。他的导师、λ演算的发明者丘奇称图灵的理想计算机是"图灵机"。其计算装置是:一条无穷长的纸带,一个读写头在一个控制装置的控制下在纸带上方左移右移,读取纸带上的内容并在纸带上写0或1。

据此,《数理逻辑发展史》探索与论述了"图灵理想计算机及其可计算函数"的核心思想,其主要点有:

(1)图灵机的原理

比较一下计算实数的过程中的一个人同一部机器,这机器必须由如下要素构成:

① 只能有有限多个条件 $q_1, q_2, \cdots, q_r$,称它们为"m 布局"(亦即"状态");

② 一条带子(类似纸)。带子分成段(称之为方格),每个格子有一个"符号"。在任何时刻只有一个方格。

③ 一个移动的读写头(类似于笔)。只能右移或左移,每次只能移动一格。

④ 一个机器布局(完全布局)。这个布局决定机器的可能行为。

然后,图灵指出:由上述要素组装而成的由完全布局决定机器可能行为的机器称为自动机(人称图灵机)。如果一部自动机印录两种符号,第一种完全由0和1组成,成为"数字",其余成为第二种符号,那么这样的自动机便称为计算机。于是,图灵的"理想数字计算机"的模型可用图5-1表示。

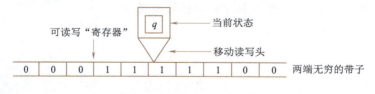

图 5-1　图灵机模型示意图

(2)图灵的完全布局(又称图灵机械程序)

图灵机能代替人进行计算,其关键在于:存在一个由人脑思维设计的,控制机器一切可能行为的"完全布局",使图灵机按完全布局来完成计算过程。为此,必须有相应的机器语言、指令系统、计算程序等概念。对此,图灵指出了:

① 图灵机语言及其符号。

- 状态符:$q_0, q_1, q_2, \cdots, q_n, \cdots$,其中 q_0 专门用于表示停机状态。
- 数字符:1 和 0,用于写入或修改"寄存器"的内容。

- 移动符:R 和 L 分别表示移动装置的"右移"或"左移"。

② 图灵机指令。

"指令"表示机器所能执行的"基本运算"或"基本动作"。图灵的指令是以"语句"表示的,有两种基本类型:

- 读写指令:$q_i S_j \rightarrow S_k q_L$,其中 $S_j, S_k \in \{0,1\}$,q_i, q_L 表示状态。其语义是:如果在状态 q_i,读头读到寄存器内容为 S_j,则将该寄存器的内容改成 S_k,并进入状态 q_L。
- 移位指令:$q_i S_j \rightarrow a q_L$,其中 $S_j \in \{0,1\}$,$a \in \{R,L\}$,q_i, q_L 表示状态。其意是:如果在状态 q_i,读头读到的寄存器内容为 S_j,则将移动装置右移(如果 a 是 R)或左移(如果 a 是 L)一格,并进入状态 q_l。

因此,机器的指令是如下形式的"四元组":

$$(q_i S_j, S_k q_L) \quad (a)$$
$$或 \quad (q_i S_j, R q_L) \quad (b)$$
$$或 \quad (q_i S_j, L q_L) \quad (c)$$

其中左端部分称为指令的前件,右端部分称为后件,其含义是:由前件的"判断"决定后件的"动作"。

③ 计算程序:由图灵指令组成的有穷序列。图灵举了如下例子:

布	局	行	为
m 布局	符号	运算	最终 m 布局
a	无	$P0, R$	b
b	无	R	c
c	无	$P1, R$	d
d	无	R	a

这是一部计算序列 010101……的机器。它有四个 m 布局 a,b,c,d,可印 0 和 1。"R"表示"机器是这样开动的","L"表示将"右边"改为"左边","P"代表"印"。此例表示:机器在 m 布局 a 一条空白带子开始,对前两列所描述的一个 m 布局而言,第三列 c 表示运算相续进行,然后进入 d。当第二列 b 是空白时,c 和 d 对任何符号或没有符号都适用。其意是指出了:图灵的计算程序是一个由下列指令构成的有穷序列:

$$I_1 \cdot q_1 0 \rightarrow R q_1$$
$$I_2 \cdot q_1 1 \rightarrow 1 q_2$$
$$I_3 \cdot q_2 1 \rightarrow 0 q_3$$
$$I_4 \cdot q_2 0 \rightarrow R q_4$$
$$I_5 \cdot q_3 1 \rightarrow R q_2$$
$$I_6 \cdot q_3 0 \rightarrow R q_4$$
$$I_7 \cdot q_4 1 \rightarrow R q_2$$

$$I_8 \cdot q_4 0 \rightarrow 0 q_0$$

其中 I_R 是指令的编号，其目的是便于人们分析程序，可以不写。

此外，对于图灵程序的输入与输出，对于初始状态约定与相应的自然数和符号加以表示。

4. 图灵的可计算函数的定义

设 $f(x_1,\cdots,x_n)$ 是定义在自然数集上的收敛函数，如果存在图灵程序 P_f，对任意的输入 $x_1,\cdots,x_n$，P_f 的执行在有限步骤与时间内终止并输出函数值 y，那么便称函数 $f(x_1,\cdots,x_n)$ 是图灵可计算函数。或者简言之"如果有 P_f，那么 f 是可计算的"。

5.2 丘奇-图灵论题的创立

20世纪30年代发现的艾尔伯朗-哥德尔-克林的一般递归函数、丘奇的 λ 可定义性函数和图灵的理想计算机及其可计算函数（奇妙的是克林和图灵都是丘奇的学生，丘奇的 λ 可定义性函数在历史上是最早发现的），它们的动机和方法是截然不同的，但却相互独立地刻画了本质上等同的可计算性函数。不久，丘奇和克林证明了 λ 定义性函数和一般递归函数是等价的。接着，图灵在《论可计算数》的附录中，又证明了他的可计算函数和 λ 可定义性函数也是等价的。亦即三人证明了：

"一切算法可计算函数 ⇔ 一般递归函数 ⇔ λ 可定义性函数 ⇔ 图灵可计算函数"（其中"⇔"表示等同，互推或当且仅当）

有鉴于直观上的可计算性函数及其算法在递归函数论中是经常用到的，而且都是采用某种"高级语言"来加以表述的。但是，这种表达方式致使可计算性函数及其算法的定义域及其生成过程的描述，都显得过于复杂与含混，试图证明它们的一致性或通用性，又难以办到。于是，丘奇在对可计算性函数及其算法研究现状进行总结与分析的基础上，通过非逻辑的归纳思维，提出了一个著名的断言（人称"丘奇论题"）："正整数的能行可计算性函数都是等价于一般递归函数"。接着，图灵在1936—1937年发表的那篇里程碑式的论文中，也提出了一个"图灵论题"：所有很自然地被认为可计算性函数都是可计算函数。由于图灵论题和丘奇论题又是被彼此等价的。所以，现代数学文献中，将其合二为一，称之为"丘奇-图灵论题"。

丘奇-图灵论题的创立，标志着算法首次从计算概念中独立出来，并意味着以算法为研究对象的可计算性理论的诞生，是哥德尔不完全性定理之后，数理逻辑进一步拓展与深化中的又一个具有历史意义的重大成果。

5.2.1 丘奇-图灵论题是可计算性的理论基础

丘奇-图灵论题的主要目的是为了将计算性函数及其算法刻画为既直观又清晰、

既简要又有一定理论依据的"断言"(相当于通用的可计算性函数或算法)。其思想方法是:数学的公理化思想和自然科学的假设演绎法相结合,其思维过程如图 5-2 所示。

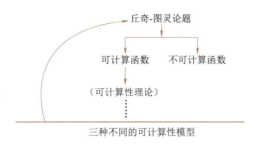

图 5-2　丘奇-图灵论题思维过程示意图

由此可见:丘奇-图灵论题相当于自然科学方法论中的经"由果到因"的数学思维过程概括出来的"科学定律"(数学假设),是可计算性理论的基本原理。其主要内涵是:

① 丘奇-图灵论题是源于数学实践中发现的三种不同的可计算性数学模型,通过非逻辑的归纳思维方式将其概括出来的。它不是数学定理,也非严格意义上的命题,但它在数学的实践检验中是正确而可靠的,像数学中的猜想,至今尚未发现任一反例。它的数学真理性是"问题求解"的算法可计算性的正确性与有效性,而非数学的公理化严密性与逻辑性。

② 丘奇-图灵论题从直观的初始函数或原始递归函数出发,通过"代入"和"替换"等计算规则,将可计算性对象在有限步骤内计算出来的数学理论;本质上则是立足于可信性、能行性、可构造性,以自然数论和潜无穷论为基础的算法化的数学思想方法。

③ 丘奇-图灵论题的是判定可计算性对象和不可计算性对象的一个严格的准则。它指出了:

其一,如果函数 f 是可计算性函数,则它必是一般递归函数;反之,如果函数 f 是一般递归函数,则它必是算法可计算的。

其二,如果函数 f 是不可计算函数的,则它必不是一般递归函数;反之,如果函数 f 不是一般递归函数,则它必是不可计算的。

这样,数学问题求解便有了判别其是否可计算的严格准则。

5.2.2　丘奇-图灵论题本质上是"判定性 ⇔ 可计算性"

一阶谓词演算的判定性问题源于 20 世纪 20 年代希尔伯特提出的用计算代替推理的谓词运算的判定性问题,丘奇和图灵在分别而独立地提出相互等价的 λ 演算和可计算性函数的同时,分别而独立地提出并证明了一阶谓词演算的不可判定性定理,其中应用了"判定性 ⇔ 可计算性"的原理。

1. 一阶谓词演算的不可判定性定理

20世纪20年代,希尔伯特提出了一个用计算代替推理的谓词运算的判定性问题:设有一个关于命题的函数$f(x)$,有:

$$f(x) = \begin{cases} 1, & \text{如果该命题可证明成立} \\ 0, & \text{否则} \end{cases}$$

那么,这个函数可计算吗?

希尔伯特提出这个问题的本意是:推理或证明若不注意,容易引发自相矛盾的逻辑,而计算可判定某命题为真或为假,不可能出现两个不同的结论。

丘奇在1936年的论文《初等数论》中证明了初等数论(形式算术)的判定问题是不可解的;在同年的另一篇论文《判定问题注记》中确立了一阶谓词的演算的不可解性。

图灵则在1936年发表的那篇重要文章中,独立于丘奇也提出并证明了一阶运算的判定问题是不可解的。他说:"不可能有一个一般的过程来决定函项演算k的一个给定公式u是不是可证的,也就是说,不可能有一部机器,在供给这些公式的任一公式u时,将最终说出u是不是可证的"。其证明不可判定性定理的思路是:相应于每一部计算机M,构造一个公式$\cup_n(M)$的判定性问题是不可解的。

丘奇与图灵的一阶谓词演算的不可判定性定理证明了:以推理(证明)为研究对象,一阶谓词演算是可判定的(可证性),如果将算法(可计算性)作为研究对象,则一阶谓词演算是不可判定的。因为计算和证明是具有本质区别的不同概念和思想方法。"计算"要求在有限步骤内,必须获得相应的结果,而"证明"(或推理)过程,要是证明不了便没有任何方法让这个过程终止。所以,计算和证明是不能相互取代的。

于是,以可计算性为基础的丘奇和图灵的一阶谓词演算的不可判定性定理,实质上,某形式系统是可判定的,当且仅当它是可计算的,亦即

$$\text{判定性} \Leftrightarrow \text{可计算性}$$

2. 有关不可判定问题的研究成果

丘奇-图灵论题的创立和一阶谓词演算不可判定性定理的证明,激起人们对"判定性问题",特别是"不可判定问题"研究的兴趣与热情,并取得了如下成果:

其一,初等数论的判定问题是不可解的,不仅任一形式算术系统是不可判定的,形式算术系统的任意的扩张也是不可判定的。

其二,一阶谓词演算系统的判定问题是不可解的。这表示:一阶谓词系统中的公式(普遍有效公式)集合的各种子集是不可判定的。其原因是一阶谓词演算的公理系统中含有无穷的"量词",而每个这样的子集合都是由含有某种简单的前束词的前束范式组成的。例如"∀∃∀""∀∀∃"…这样的量词串所确定的类的判定问题都是

不可解的。据此,整体而言,一阶谓词演算系统是不可能判定的,但是,某一些特殊的问题或例子,则可能是可判定的;

其三,如"∀∃""∀∃∀"…,对一阶谓词演算系统中某些特殊问题可判定性的研究,丘奇在1951年的论文《判定问题的特例》和1956年的专著《数理逻辑导论》,以及阿克曼在1954年的小册子《判定问题的可解情况》,对此作了专门的研究,并获得了如下可判定的谓词公式:

① 只给一元谓词变元;

② 能化归为一个前束范式,其中包括:

　(a)不包含存在量词;

或(b)不包含全称量词;

或(c)在全称量词前不包含存在量词;

或(d)至多有一个存在量词;

或(e)至多有两个存在量词,并且它们没有被任何全称谓词分开。

③ 能化归为一个前束范式,其中:

(a)母式(即前束词的表达式)是初等部分及其初等部分否定的析取或者可以化归为这样的一种形式。

(b)前束词具有形式$(\exists x_1)\cdots(\exists x_m)(\forall y_1)\cdots(\forall y_m)$,并且含有任一变元$x_1,\cdots,x_m$的母式的每个初等部分或者是包含所有变元$x_1,\cdots,x_m$,或者是包含变元$y_1,\cdots,y_m$之一。

其四,塔尔斯基给出了证明不可判定性的一般方法。

塔尔斯基(Alfred Tarski,1902—1983)在1938—1939年研究不可判定性定理的证明中采取了一种间接方法,发表了《证明不可判定性的一般方法》。其中最为重要的是提出并证明如下定理:

设T_1和T_2是两个理论,使得T_2在T_1中是弱可解释的。如果T_2是本质上不可判定的并且是有穷可公理化的,那么:

① T_1是不可判定的,与T_1有同样常项的T_1的每一子理论也是不可判定的。

② 存在T_1的一个有穷扩张,它与T_1有同样的常项并且是本质上不可判定的。

这一定理的关键是要找到一个不可判定的并且是有穷可公理化的理论。这一理论可在一些理论中弱可解释,因而应用上述这一重要定理可得到一批理论的不可判定性。例如形式算术系统是不可判定的,自然数算术的每一个子理论是不可判定的,塔尔斯基本人利用他的方法证明了群论、格论和射影几何的不可判定性……

其实,通俗而言,塔尔斯基的证明不可判定性的一般方法证明了对于标准形式化的理论T:

① 一个理论T是可判定的,如果它的一切有效命题的集合是递归的,从直观上

说，T 可判定就是 T 有一个判定程序，能判定任一命题是否有效。显然，每一个可判定的理论是可公理化的，但反之则一般不成立。

② 如果不仅 T 本身是不可判定的，对 T 有同样常项的 T 的每一个一致的扩张也是不可判定的，则这一理论 T 必是不可判定的。

③ 从理论上证明了：只有公式的一个集合是递归的才是可判定的，不存在或不可能找到一个系统的或机械的程序能求解所有数学问题。不存在或不可能找到一个通用程序能判定任一命题是否有效。

5.2.3 丘奇-图灵论题的算法概念

计算和算法是密不可分的、既有联系又有区别的两个不同概念。丘奇1936年发表可计算函数，对算法理论的系统发展做出了巨大贡献。

丘奇-图灵论题则首次将算法概念从计算概念中独立出来，将其作为数学的直接研究对象，并在此基础上革新了算法的概念，提升了算法的地位。

丘奇从图灵的论文出发，证明了基本几何问题的算法不可解性。同时证明了一阶逻辑中真命题全集的解法问题是不可解的。

解决算法问题，包括构造一个能解决某一指定集及其他相关集的算法，如果该算法无法构建，则表明该问题是不可解的。证明此种问题不可解性的定理是算法理论中的一大突破，丘奇的算法即为该类算法的首例。

总体而言，任何计算都是在一定的算法支持下进行的。

1. 算法概念的描述

"计算"是"问题求解"的最基本的手段或工具，任何"计算"都离不开计算的规则与方法。而计算的规则与方法则必须用"语言"来加以描述或定义。由于求解问题的多样性和复杂性，"算法"难以给出一个统一而明确的定义。所以人们只能以"共性"对其作出一般性的描述。因此，丘奇-图灵论题对算法概念给出如下描述：

算法是某类问题求解的计算方案或技巧，它由通向计算结果的有限个步骤组成。其内涵包括：

第一，算法的语言及其符号系统。

如丘奇的 λ 演算的初始符号有：

① 变元：$a,b,c,\cdots$，它们构成有穷序列；

② 三种括号 $\{,\};(,);[,]$。

③ 字母 λ。

第二，计算规则。

克林（Stephen Cole Kleene，1909—1994）提出了 $R1$ 和 $R2$，丘奇给出了 $R1$、$R2$ 和 β 归约，图灵的计算规则是读写指令和移位指令。

第三,计算程序。

从初始状态出发,按照计算规则,有序地严格而无歧义地一步一步地在有限步骤与时间内求得可计算性对象之值。

因此,算法具有如下特征:

① 有限性:解决某类问题求解采取的步骤是有限的;
② 确定性:每一步骤是严格而无歧义的;
③ 可执行性:每一步骤都是可运算的;
④ 有序性:每一步骤都要按照规定的次序进行;
⑤ 初始性:算法的执行必须从初始状态出发;
⑥ 有效性:执行该算法必须保证能获得正确的解。

2. 计算过程

丘奇-图灵论题的计算过程是在一套计算规则的指引下,从一个表达式到另一个表达式的依次的"替换"或"代入"。例如,克林把函数计算过程看成是等式构成的形式系统的推导。设阿克曼函数是由下列等式系所定义的:

$$\begin{cases} f(0,y) = S(y) & (a) \\ f(S(x),0) = f(x,S(0)) & (b) \\ f(S(x),S(y)) = f(x,f(S(x),y)) & (c) \end{cases}$$

为求阿克曼函数 $A(1,1)$ 之值,先将 $A(1,1)$ 表为 $f(S(0),S(0))$,然后,按运算规则: R_1(代入)和 R_2(替换)有:

① $f(S(0),S(0)) = f(0,f(S(0),0))$ 由(c)和 R_1
② $f(S(0),0) = f(0,S(0))$ 由(b)和 R_1
③ $f(0,S(0)) = S(S(0))$ 由(a)和 R_1
④ $f(S(0),0) = S(S(0))$ 在②由③和 R_1
⑤ $f(S(0),S(0)) = f(0,S(S(0)))$ 在①由④和 R_2
⑥ $f(0,S(S(0))) = S(S(S(0)))$ 由(a)和 R_1
⑦ $f(S(0),S(0)) = S(S(S(0)))$ 在⑤由⑥和 R_2

至此完成了3等式系推导(有穷序列),最终求得:

$$A(1,1) = f(S(0),S(0)) = 3$$

由此可见,计算就是为求解某类问题,在一套规则的指引下,从一个表达式到另一个表达式的有序而逐步的变换。这显示了计算有点类似于演绎推理了。因为演绎推理过程,也可以看成是在演绎规则的指引下,从公理系统出发,由一个表达式(定理)替换为另一个表达式(定理)。这样一来,计算规则和演绎规则之间的功能区别便难以划分了。

当然,由于计算和推理是具有本质区别的,计算过程和推理过程,以及计算规则和演绎规则之间的近似性或类似性,只是表面上或形式上的。但是,其中却揭示了丘奇-图灵论题的算法概念及其内涵与功能已经突破了自古以来的算法附属于计算的传统概念。

3. 算法地位与内涵的提升

丘奇-图灵论题将算法从计算概念中独立出来,在可计算性理论中提升了算法的地位及其内涵,主要表现在:

(1)用算法表示或定义可计算性函数

例如,克林用"代入"和"替换"的运算法则定义了一般递归函数,丘奇用 λ 演算定义了 λ 可定义函数,图灵则用理想计算机及其"机械化程序"定义了可计算函数。其过程都是:

① 引进相应的算法语言及其符号体系;
② 建立相应的计算规则;
③ 给出可计算性函数的描述性定义。

(2)计算规则和演绎规则的相似性

计算规则和演绎规则的相似性是将传统的计算(一连串的等式)提升为一连串的从一个表达式(命题公式或状态)到另一个表达式(命题公式或状态)的转换。

(3)推理或演算的过程是一个有穷的序列

推理或演算的过程是一个有穷的序列 $P_1, P_2, \cdots, P_k$,其中 P_1 是初始状态,P_k 是演算结果。

5.3 图灵理想计算机的意义

20世纪30年代,图灵在研究哥德尔不完全性定理的过程中,为了解决数理逻辑中一个基本理论问题(相容性以及数学问题机械可解性或可计算性的判定问题)和给出"可计算性"概念的严格定义,别具一格地提出了理想计算机及其可计算性理论。

图灵的理想计算机本质上是一个虚拟的"计算机",其关注的焦点是逻辑结构,其出发点是用理想计算机代替或定义数学的"形式系统",其目的是使其成为可以模拟任何特定图灵机的"广义计算机"、"通用计算机"或"万能计算机",简称 UTM(即 Universal Turing Machine,通用图灵机)。

5.3.1 图灵机给出了"形式系统"的精确定义

丘奇在提出了"丘奇论题"之后,为了解释与辩护它的正确性,曾提出了有两个更为一般的能行可计算性的定义方法:①符号算法的方法(如丘奇的 λ 运算和图灵的可计算函数);②形式系统的方法(如艾尔伯朗-哥德尔-克林的一般递归函数)。图灵的理想计算机及其可计算函数,所采用的"机械程序"(或"算法")则不仅具有相当于形式系统的功能,而且可借此精确地定义"形式系统"的概念。这在数理逻辑发展史上是继哥德尔不完全性定理之后的又一个重大成果。

1964年,哥德尔在为1934年的讲演写的后记中说:"由于后来的发展,特别是图灵的工作可给出形式系统一般概念的精确而又无疑地适当的定义,因而不可判定的算术命题的存在和一个系统的一致性在同样系统中的不可证性,现在能够对包含一定最有穷数论的每一个一致的形式系统加以严格的证明。图灵的工作对'机械程序'(别名为算法或计算程序或有穷组合程序)的概念作出了分析。这个概念被表明是等价于图灵机的概念"。

因此,哥德尔把一个形式系统定义为产生可证公式的任一机械程序,从而揭示了形式系统的本质。不仅如此,图灵机及其可计算性还首次揭示了它是一个不依赖于所选择的形式体系的绝对定义。1965年哥德尔在普林斯顿关于数学问题的200周年大会上说:"在我看来,……对于可计算性概念,虽然它只是一个特殊种类的可证明性或可定义性,但是……它不需要区别层次,并且对角线方法也不导致越出所定义的概念之外"。这样,图灵机便可模拟任何一个"机械程序"(算法)。

5.3.2 图灵机是一种通用计算机(UTM)

有关图灵机的定义(或原理),我们已在5.1中作了简要的论述,指出了它的主体结构是由如下三个部分(或要素)组成的:

① 一条无穷长的纸带(相当于存储器),用于存储信息和图灵程序。

② 一个读写头(相当于计算器),根据图灵指令读取纸带上内容,执行计算过程中的每一步的计算。

③ 一个控制装置(相当于控制器),用于保证图灵指令按照计算规则得到严格而无歧义的执行。

所以,人称图灵机是人类有史以来发明的在直觉上是最简单、最可靠、最通用、最有效的计算装置。这意味着:

① 图灵机是数字的、离散的,可模拟任意一个离散状态,并精确描述从某一确定的离散状态到另一个离散状态的转换。

② 如果不考虑速度的话,那么图灵机便是一种通用的数字计算机。

③ 图灵机从理论上证明了设计、研制与或制造任一类的计算机是可能的。

5.3.3 图灵机是一种"存储程序型"的UTM

图灵针对当时人们的计算方式及其过程,致力于用计算机模拟人脑思维的计算过程。

首先,对人脑思维的计算方式及其过程进行数学的理解与分析。在此基础上,用机器的语言符号系统将其概括为"计算模型"(数学模型)。

其次,设计并选定一个用机器语言符号表示的被编码的计算机程序(算法)。

最后,将程序输入计算机,由计算机一步一步地将其存入存储器中,并在有限步骤内获得结论。

因此,图灵机是一种"存储程序型"的 UTM,其主要内涵是:

① 控制器按图灵指令读取存储器中的程序。

② 计算器按图灵指令执行每一步的计算。

③ 如果需要修正或改变程序,只需更改存储器的内容,而不必重写控制器。

因此,"存储程序"是图灵机的一个十分重要而深刻的核心思想,人称是"图灵机软件",其主要功能是:控制计算机整体运转,发挥机器主体结构各部分的功能,协调机器主体结构各部分的相互作用,提高计算机计算力和高效性,是机器(物理系统)能否按照人类设计的被编码的计算机程序正确而高效地完成计算任务的前提条件。

5.3.4 图灵机的局限性

丘奇-图灵论题的立足点或出发点是求解问题,其思维过程是在对求解问题进行分析研究的基础上找到相应的算法,然后利用算法获得求解问题的解答。其思维过程如图 5-3 所示。

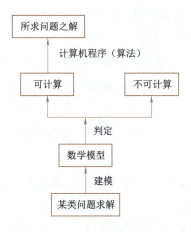

图 5-3　丘奇-图灵论题的思维过程示意图

这一思维过程的关键点是:

1. 数学建模

对于求解问题的性质与类别进行数学抽象分析的基础上,找出最主要的、最基本的和最稳定的因素,用数学的语言与符号将其表达为数学表达式(函数)。但是图灵机只能处理或计算诸如自然数、字母表、代码表、符号串及真假值等离散量,只能进行离散建模。对于客观世界中的无限量与连续量则被拒之门外。于是,离散建模只能是

"近似",而永远无法达到"一致"。

2. 判别问题

丘奇-图灵论题,将计算分为可计算的(一般递归函数)和不可计算的(不可判定的),并且图灵机只能计算可计算性对象,对于不可计算的,则无能为力,毫无方法。对于来自求解问题的具有计算复杂性的对象,则必须进行可解度的分析与研究。非高度复杂性的问题有可能求解;具有高度复杂性的问题,则无计可施,难有作为。

3. 算法发现

算法是实现问题求解及其数学模型的方案或过程,它的发现一般应经如下4个阶段:

① 在分析与理解求解问题及其数学模型的基础上,设计一个问题求解的总体思路或策略。

② 对设计出来的算法进行评估与优化,并选定算法。

③ 将算法转换成被编码的计算机程序,并输入计算机。

④ 由计算机执行,并在有限时间内获得问题求解的结论。

这是一个艰辛而又曲折的过程,既需意志与创造性,又需技巧与艺术。

综上所述,图灵机虽然是有史以来最简单、最可靠、最通用的计算装置,但是它只能模拟"有穷可公理化"的形式系统,本质上是人脑功能的一种延伸,所以它不是万能的,而是具有内在局限性。

5.4 计算机的出现

自古以来,用机器代替人工计算是人类的长期追求。在这一历史过程中,数学家始终扮演着主要的角色。早在17世纪,莱布尼茨曾大声疾呼:"把计算交给机器去做,让优秀的人才从繁重的计算中解脱出来",并身体力行地设计与制造了一台"算术计算器"。从此开始,计算机器的设计与制造一直是数学家追求与研究的重大课题。

5.4.1 计算机器的进化

古代的计算机械有算盘,十进位值制的算盘最早出现在中国,明代著作《魁本对相四言杂字》(1371年)中载有十档算盘图,意味着算盘发明早于此前;程大位(1533—1606)的《算法统综》详述了珠算已相当普及。

1642年,法国著名数学家帕斯卡(Pascal,1623—1662)发明了第一台能做加减运算的机械式的台式计算机(通过齿轮将数据输入机器,再转动曲柄来进行计算)。1671年,莱布尼茨着手改进帕斯卡的计算机器,采用梯形轴设计与制造了一台能做加减乘除四则运算的"算术计算器"。1818年,法国的托马斯(Thomas)研制成托马斯型的手摇计算机。

在计算机器发展史上,迈出关键性一步的是英国著名数学家巴贝奇(Babbage, 1791—1871),他是现代电子计算机的先驱。

1823 年,巴贝奇着手研制一种有 26 位有效数字,能计算做四则运算的,并能打印出六阶差的"差分机",其结果并没有取得令人满意的进展。之后,他开始设计与研制一种能完全自动地进行由操作者指定的一系列算术运算的"分析机"。这种分析机由"加工部"、"存储部"以及专门控制运算程序的设备所组成,其性能已相当于现代电子计算机,其主要装置有:

① 存储装置;

② 提取存储数并进行计算的装置;

③ 控制演算开始或终止的装置;

④ 输出,输入装置。

进入 20 世纪以来,人们致力于用电器元件来代替机械齿轮。

1941 年,德国工程师朱斯(K. Zuse)制成第一台全部采用继电器的通用程序控制计算机(Z-3)。1944 年,美国国际商用机器公司(IBM)和哈佛大学联合研制成"MARK-1",这是世界第一台能实际操作的通用程序控制计算机。1945—1947 年,全部采用继电器的"MARK-2"研制成功。这种机电型的计算机的研制成功,意味着电子技术开始进入了计算机,预示着电子计算机时代即将来临。

5.4.2 计算机的出现

MRAK-1 和 MRAK-2 这类机电型计算机运作速度过慢,20 世纪初发明的电子管代替继电器,但是,真正实现快速、自动计算器的梦想,是 20 世纪 30 年代电子技术的发展为计算机出现奠定了物理基础。1936 年图灵则给出了构造计算机的一种模型,称之为"图灵机",它为计算机的出现奠定了理论基础。

20 世纪 40 年代出现了第一台 ENIAC "电子数值积分计算机"(Electronic Numerical Integrator And Compter,简称 ENIAC),该机早期在第二次世界大战中,主要是为美国海军计算弹道轨迹,由美国宾夕法尼亚大学莫尔电工学院制造。ENIAC 采用了18 000 多个电子管作为主要组件,耗电 150 千瓦,重达 30 吨,占地面积达 170 平方米的庞然大物。采用十进制计算,使它的加法运算速度可达 5000 次/s。它没有今天的键盘鼠标等设备,人们只能通过扳动无数次的开关输入信息进行转换。

在接下来的 EDVAC "散变量自动电子计算机"(Electronic Discrete Variable Automatic Computer,简称 EDVAC)的著名设计方案(史称"101 页报告")由冯·诺依曼所领导的研制小组对计算机的结构体系作了新的调整,并形成了冯·诺依曼体系,又称冯·诺依曼型计算机。EDVAC 于 1950 年研制成功并投入运行。

ENIAC 与 EDVAC 是计算机发展史上具有标志性作用的机器。

5.4.3 冯·诺依曼是计算机的奠基人

冯·诺依曼(John von Neumann,1903—1957)美籍匈牙利人,是20世纪最重要的数学家之一,在现代计算机、博弈论、核武器和生化武器等诸多领域内都有建树,被称为"计算机之父"和"博弈论之父"。

他的数学研究领域,致力于数理逻辑和集合论公理化的研究,发现了哥德尔定理的重要性,并多次强调:"存储程序概念的原创权应公正无私地给予图灵"、"计算机中那些没有被巴贝奇预见到的概念都应该归功于图灵"。他在设计、研制与制造世界第一台电子计算机中应用了图灵的理想计算机及其可计算性理论。

冯·诺依曼在参与ENIAC的研制小组工作时,发现ENIAC最主要的缺陷则在于其程序是"外插型"而非"存储型"的逻辑结构。其缺陷在于:一是采用十进制运算,逻辑元件多,结构复杂,可靠性低;二是没有内部存储器,操纵运算的指令分散存贮在许多电路部件内。

计算机EDVAC研制中,由冯·诺依曼所领导的研制小组,在其新的方案里提出了在计算机中,采用二进制算法和设置内存贮器的理论,他认为,计算机采用二进制算法和内存贮器后,指令和数据便可以一起存放在存贮器中,并可作同样处理,这样,不仅可以使计算机的结构大大简化,而且为实现运算控制自动化和提高运算速度提供了良好的条件。

EDVAC的诞生,使计算机技术出现了一个新的飞跃。它奠定了现代电子计算机的基本结构,标志着电子计算机时代的真正开始。

因此,世界存储程序型的第一台电子数字计算机的发明是图灵抽象的可计算性数学理论和冯·诺依曼的计算机工程技术相结合的产物。图灵是计算机理论路线的奠基者,冯·诺依曼则是计算机工程路线的开创者。

冯·诺依曼在计算机工程与技术中的开创性贡献,其主要思想集中在他牵头撰写的EDVAC的报告中。这个报告被定义为"冯·诺依曼架构",它不仅体现了冯·诺依曼设计思想,而且为计算机产业的形成与发展奠定了基础。其中最核心的思想是:

(1)明确指出了计算机的主体结构

在图灵机的基础上,进一步明确了计算机的主体结构(硬件)是由①运算器②控制器③存储器④输入⑤输出五个部分(或要素)所组成,如图5-4所示。

(2)将"外插型程序"变为"存储程序型"

ENIAC的致命缺陷是采用了和以往的机电式计算机一样的"外插型程序"。冯·诺依曼采用了图灵的存储程序概念,并指出:构成各个程序的复杂运算序列是由一系列简单的步骤构成的,而这些步骤会在一些程序中重复用到。如果能在主存储器中存储这些步骤,那么,运算时只需指令机器取用其存储器中的某一部位执行储存在那里的指令就可以了,不必每次都编制出全部新程序。

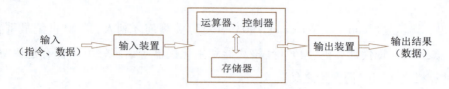

图 5-4 计算机系统的主体结构图

(3)对 ENIAC 的设计思想作出了三点改进或变革

第一,变"外插型"为程序控制指令内存,使上一个程序可自动地进入下一程序。

第二,采用了超声波水银延迟线作为存储器的基本元件,因而内存存储量得到大大增加。

第三,变十进制为二进制,由于电子元件的断开与接通两种状态是可以和二进制中的两个数"0"与"1"相对应。如果将"断开"对应于"0"、"接通"对应于"1",那么二进制中任何数都可转化为电子元件的开关转换。这样二进制记数便为计算机的全部操作建立了一个既简单又有效的基础。

因此,冯·诺依曼的 ENIAC 报告开创了计算机工程与技术的新时代,冯·诺依曼 EDVAC 机的设计方案奠定了现代计算机的结构框架,形成了目前被广泛采用的,这种结构体系一直沿用至今。

5.4.4 数字电子计算机的发展

从图灵的理想计算机到冯·诺依曼设计与研制成功的 EDVAC(一种"数字电子计算机",Digital Electronic Computer),是以电子为元件的"数字化(其数据都用离散信号表示的)"的协助人类用于数值与非数值计算的机器(简称计算机)。

数字电子计算机的发展从 1945 年至 20 世纪 70 年代已发展到第四代。

　　　　　　第一代　　　电子管　　　　　ENIAC　　1954 年
　　　　　　第二代　　　晶体管　　　　　TZ-2　　　1957 年
　　　　　　第三代　　　集成电路　　　　IBM360　　1964 年
　　　　　　第四代　超大规模集成电路　　　　　　　1971 年

20 世纪 80 年代以来,人们开始探索设计与研制新型计算机,包括知识工程及其专家系统、第五代智能计算机、神经网络计算机以及光学计算机、生物计算机,还有大规模并行计算机等。

21 世纪以来,互联网将全球的计算机连在一起。从此开始,计算机进入了"计算机网络"的时代。"网络即是计算机"意味着现代计算机是网络支撑下的计算机。

目前已形成一个完整的网络体系。

第 6 章

计算机科学与算法

随着计算机的发展与更新换代,计算机不仅通过收集数据,寻找算法,建立起程序设计语言,而且对数学、自然科学、语言学、科学技术以及人类社会生活等方面显示了越来越多的重要功能。但是什么是计算机科学?它的学科属性是什么?大约于1970年代才开始引起众多著名学者的关注与探讨,并在此基础上形成了"计算机科学是研究算法的科学"的共识。

6.1 计算机科学是研究算法的科学

1965 年,美国出现了一门新学科:Computer Science,通常被翻译为计算机科学。随着计算机的快速发展和计算机应用的迅速扩展,"计算机科学"这个名词很快地流行起来,世界上众多知名大学随之纷纷设立起以计算机科学命名的科系或研究机构。其发展之快,吸引力之大,在新学科中也是罕见的。但是,什么是计算机科学及其学科性质?当时人们并没有深究。1974 年,美国计算机学会曾对世界各地 59 个计算机系进行过一次调查,其结果是各校对此没有统一的认识。

1. 计算机科学学科性质的探讨

20 世纪 70 年代,众多著名数学家、计算机科学家、物理学家开始关注计算机科学的学科属性问题,并提出多种观点。著名物理学家费曼(R. P. Feynman,1918—1988)说:"计算机科学既不是科学,又不是数学,有点像工程"。著名的计算机科学家克努特(D. E. Knut,1938— ,见图 6-1)称计算机科学是"非自然科学",而是研究算法的一门学问。

他说:"算法是精确定义的一系列规则,指出怎样从给定的输入信息经过有限步骤产生所求的输出信息。算法的特殊表示称为程序,如同我们用数据这个词来代表信息的特殊表示一样。……作为研究的对象,算法有着特别丰富有趣的性质,算法的观点也是组织自主知识的有用方法"。而威格纳(P. Wigner,1902—1995)则认为:"计算机科学既不是技术分支,也不是数学分支,它包含一种关于计算图式的新的思想方法"。

"信息结构的转换"概念将是计算机中具核心重要性的概念,这种关于信息结构转换的科学,在科学、哲学与知识论方面有着重要的影响!……所谓"信息结构"的转换,就是对计算机的对象进行"替换""代入""取值""赋值"等,在此基础上即可定义"计算"的概念。瑞士著名计算机科学家沃思(N. Wirth,1934— ,见图6-2)则提出:

$$程序设计 = 算法 + 数据结构$$

其意是:算法不仅是程序设计的基础,而且是计算机科学的核心内容。

图6-1 克努特

图6-2 沃思

2. 计算机科学是研究算法的科学

根据上述有关什么是计算机科学学科性质的探索,在大同小异或各有侧重的不同观点中,较为一致的观点是:

① 计算机科学不是自然科学,不是数学分支,也不是技术分支,而且建立在丘奇-图灵论题基础上的用计算机模拟或代替人类计算过程的一门学科。

② 计算机科学具有三大要素:

● 算法:它按一系列规则指出了怎样从给定的输入信息,经有限步骤产生所求的输出信息。算法的特殊表示可称为被编码的计算机程序。

● 数据:它是计算机进行演算的对象。当数据与数据之间具有一定的关联性时便形成队列、表、树、图等,则称其为数据结构。而"数据结构的转换"便是计算机按一定规则执行的演算。

● 程序设计:通过程序设计语言,将算法表示为被编码了的计算机程序。然后,由计算机执行。

在计算机科学的上述三大要素中,数据是算法实施运算的对象;"程序设计"是通过编程语言将算法转换或表示为计算机程序;算法则是用计算机模拟人类的计算过程。据此,计算机科学的核心要素是算法,计算机科学是以算法为研究对象的科学。

3. 计算机算法的主要特征

计算机科学中的算法是用计算机模拟或替代人类的计算过程,可称其为"计算机

算法",其主要特征是:

(1) 离散性

计算机科学是以计算机为工具的。计算机的输入与输出的信息只能是具有离散性的自然数、整数、字母表、代码表、符号串及布尔值等,对于连续的量必须加以离散化。

(2) 构造性

计算机科学的立足点是用计算机模拟人类的计算过程。它是从某问题求解出发,用符号化与形式化思想将其概括为相应的模型,为求解这一模型,必须寻找或构造一个问题求解的有效算法,才能按一定的规则在有限步骤内获得求解问题的结论。所以,能否构造一个有效算法是问题求解的关键。

(3) 抽象性

计算机科学的计算对象,不是"数值",而是符号化、形式化了的抽象"元素"或"结构"。其计算是抽象元素或结构之间的相互关系按一定规则从某一离散状态(数据结构)至另一个离散状态的转换过程。

6.2 算法基础——可计算性理论

可计算性理论源于20世纪30年代丘奇-图灵论题的创立。计算机出现之后,为建立计算机算法的理论基础,人们的关注点从可计算函数的探索转向了对不可计算对象的分类及其数学结构的研究。于是,计算机的可计算性理论便成为主要研究计算复杂性和不可计算对象结构的一个数学分支。它是数理逻辑的主要领域之一,又是计算机科学的理论基础。

6.2.1 URM 模型及其可计算函数定义

20世纪30年代,克林给出了可计算函数的数学描述,丘奇用λ演算定义了可计算函数,图灵的理想计算机及其可计算函数则为计算注入了一种全新的理念,并为计算机科学奠定了理论基础。20世纪50年代至60年代,先后出现了多种以"计算机"为背景,以"指令和程序"为基础的理想计算机计算模型。1963年,谢菲尔得森(Shepherdson)和斯图吉斯(Sturgis)引进了以理想的无穷存储器(Unlimited Register Machine,URM)为计算模型的指令和程序。由于URM所采用的指令系统和计算方法与现代计算机的计算形式十分相似,较好地展现了现代计算机的计算本质,故人称这是继图灵之后,理想计算机及其可计算函数的定义迈出了新的重要的一步。

1. URM 计算模型

无穷存储器是一端趋于无穷的,类似于图灵机的带子。该装置由无穷多个寄存器组成。每个寄存器可视为一个存储单元,用 $R_1,R_2,\cdots,R_5,\cdots$ 表示这些寄存器的标号,其下标可视为存储器的"地址"。其中 R_n 表示第 n 个寄存器或存储单元,用 $r_1,r_2,\cdots,r_5,\cdots$ 表示寄存器或存储器的内容,其中 r_n 为存储单元 R_n 的内容,如图 6-3 所示。

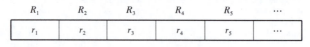

图 6-3　URM 计算模型示意图

2. URM 指令

无穷存储器由程序控制,其程序由下列四种指令组成。

① 置零指令 $Z(n)$:将 R_n 单元内容置零,可表示为 $0 \to R_n$ 或 $r_n = 0$,符号:= 称为赋值符,表示将 R_n 的内容 r_n 被 = 右边的数替代;

② 后继指令 $S(n)$:将 R_n 单元内容加 1,可表示为 $r_n + 1 \to R_n$ 或 $r_n := r_n + 1$;

③ 传递指令 $T(m,n)$:将 R_n 单元内容替换成用 R_m 的内容,可表示为 $r_m \to R_n$ 或 $r_n := r_m$;

④ 转移指令 $J(m,n,q)$:如果 R_m 的内容与 R_n 的内容相等,即当 $r_m = r_n$ 时,则从程序的第 q 条指令开始执行,否则顺序执行下一条指令。

3. URM 程序

URM 程序是由 URM 指令组成的序列,用 P、Q、G 等英文大写字母表示程序,如果程序中 P 由 s 条指令组成,则 P 可表示为 $P = I_1,\cdots,I_s$,其中指令的条数 s 称为程序 P 的长度。

① 程序的收敛与发散:对于程序 P 而言,如果其输入 $a_1,\cdots,a_n$,运行结束输出结果为 b,则称 $P(a_1,\cdots,a_n)$ 收敛于 b,记为 $P(a_1,\cdots,a_n)\downarrow$;如果对输入 $a_1,\cdots,a_n,P$ 的运行无法终止,则称 $P(a_1,\cdots,a_n)$ 发散,记为 $P(a_1,\cdots,a_n)\uparrow$。

② 程序的输入和输出:任何程序的输入和输出都放在存储单元里。对一个程序 P,可以根据情况为其输入和输出安排存储单元。$P[m+1,\cdots,m+n \to k]$ 表示程序 P 的输入 $a_1,\cdots,a_n$ 安排在存储器 $R_{m+1},\cdots,R_{m+n}$ 单元,运行结束后的结果放在 R_k 单元。对主程序我们约定:在初始状态时其输入依次放在存储器开始的若干单元,其他单元的内容为 0,运行的最终结果放在存储器的第一个单元 R_1 中。

③ 程序的合并:设 $P = I_1,\cdots,I_s$ 和 $Q = I'_1,\cdots,I'_t$ 是两个程序,则 PQ 表示程序 $I_1,\cdots,I_s,I'_{s+1},\cdots,I'_{s+t}$,称为程序 P 和 Q 的合并。这时,输入和输出数据寄存器单元地址已经过适当调整,并且原先 Q 中的转移指令 $J(m,n,q)$ 在 PQ 中已替换成 $J(m,n,s+q)$。

4. URM 的计算

URM 通过程序进行计算。程序中的指令用 $I_1,I_2,\cdots,I_n$ 等进行编号,其中,$I_k(1 \leq k \leq n)$ 表示程序的第 k 条指令。一般情况下,程序的执行是按照指令排列的顺序逐次逐条进行的,但在某些情况下,需要进行"判断",并根据判断结果改变程序执行的顺序(由 URM 的转移指令提供这种功能)。

URM 的计算则是执行程序的过程。设要执行程序:$I_1,\cdots,I_s$,则设开始时的格局为:

$$r_1^0,r_2^0,\cdots$$

其从 I_1 开始的执行过程如下:

R_1	R_2	R_3	R_4	R_5	...	下一条指令
r_1^0	r_2^0	r_3^0	r_4^0	r_5^0	...	I_1
r_1^1	r_2^1	r_3^1	r_4^1	r_5^1	...	⋮
⋮						
r_1^i	r_2^i	r_3^i	r_4^i	r_5^i	...	I_{i+1}
r_1^{i+1}	r_2^{i+1}	r_3^{i+1}	r_4^{i+1}	r_5^{i+1}	...	⋮

这样继续下去直至要执行 I_μ,I 且 $\mu>s$,亦即要执行的指令已不再在程序中(如果这时为第 μ 行),则第 μ 行为计算过程结束(停机),R_1^μ 中的内容 r_1^μ 便为此计算的结果。这时,根据程序的收敛和发散指令,如果其输入 $a_1,\cdots,a_n$ 运行结束后的输出结果为 b,则 $P(a_1,a_2,\cdots)\downarrow$,否则,$P(a_1,a_2,\cdots)\uparrow$。

5. URM 可计算函数的定义

设 f 是由 $\mathbf{N}^n$ 到 $\mathbf{N}$ 的部分函数。如果有 URM 程序 P 满足对任意的 $a_1,\cdots,a_n,b\in \mathbf{N}$,当 $(a_1,\cdots,a_n)\in \mathrm{Dom}(f)$ 时,$f(a_1,\cdots,a_n)=b$ 当且仅当 $P(a_1,\cdots,a_n)\downarrow b$,则称 P 是计算部分函数 f 的 URM 程序,又称 f 是 URM 可计算的。

由此出发,可证明:

① 原始递归函数的初始函数和原始递归函数都是 URM 可计算的。

② 一般递归函数 $g(x)=\mu y(f(x_1,\cdots,x_n),y)=0$ 都是可计算的。

6.2.2 不可计算函数

在 5.3 中,我们论述了丘奇-图灵论题的判定性:

$$判定性\Leftrightarrow 计算性$$

由此,引发了人们对不可判定性的关注。计算机出现之后,所有计算机程序是一个有穷的序列:

$$P_0,P_1,P_2,\cdots,P_k$$

其中,P_0 表示输入的初始状态,P_k 表示"停机"并输出的计算结果。

这意味着对于任意的程序 P_i 而言,它对于小于 i 的输入必有明确的输出,并在有穷步之后"停机"并给出结果。而对于另一些输入可能是没有结果的,并出现了"死循环"而不停机的状态。

因此,计算机有一个"停机问题"(Halting Problem):是否存在一个能行过程 H,对于任意的程序 P_i 和输入 x,H 能判断程序 P_i 对输入 x 是否停机。

1. 停机问题的由来

停机问题是逻辑数学中可计算性理论的一个问题。通俗地说,停机问题就是判断任意一个程序是否能在有限的时间内结束运行的问题。该问题等价于如下判定问题:是否存在一个程序 P,对于任意输入的程序 w,能够判断 w 会在有限时间内结束或者死循环。

如果这个问题可以在有限的时间内解决,则有一个程序判断其本身是否会停机并做出相反的行为,这时候显然不管停机问题的结果是什么都不会符合要求。所以这是一个不可解的问题。

停机问题本质是一高阶逻辑的不完备性。类似的命题有理发师悖论、全能悖论等。

由于计算机程序或算法的核心思想是必须保证在有限步骤与时间内求得相应的计算结果。但是,在程序或算法的执行过程中,可能会出现如下情况:

Z 的初始值为 0,该计算机系统不会执行,并使程序很快终止。然而,如果执行过程中,Z 有其他初始值,则该系统会永远执行下去,从而导致一个永不终止的过程。

于是,必须预测:当一个程序在某些条件下开始后,能否终止(或停机)的问题。而事实上,在某些更为复杂的情况下,这种预测是不可能完成的。而停机又是计算机运行中不可缺失的,因此,必须探索如何解决停机问题的途径与技巧。

2. 停机问题的不可解性

停机问题实质上是:设 $f(x,y)$ 是停机函数,对任意给定的程序 x 判定它是不是零函数的程序,亦即,对于

$$f(x,y) = \begin{cases} 1, 若 x \in W_x \\ 0 \text{ 无定义},否则 \end{cases}$$

其中 0 为置零函数,W_x 是可计算枚举集。当 $x \in W_x$, $f(x,y) = 0$,而当 $x \notin W_x$ 时,$f(x,y)$ 处处是无定义的。故停机问题是不可解的。

3. 停机问题超越了计算机的能力范围

有鉴于程序最终能否终止取决于其变量的初始值。所以这个预测应考虑这些初始值的术语必须精确。为了达到预测的目的,必须应用一种称为自引用(Self-Reference)的技术,亦即给程序中的变量赋一个初值,而这个值就表示程序本身(类似于"如果它是,那么它就不是;如果它不是,那么它就是")。然后,将这个程序定义为自

终止(Self-Terminating),这样,自终止程序便是一个以自身作为输入开始执行且能自终止的程序。(注:一个程序是否自终止与编写者编写程序的目的无关。也就是说每个程序要么是自终止,要么就不是。)

由此可见,自终止的程序是一种对"停机问题"给出的精确描述。一般而言,它没有回答这个问题的算法,或者说没有一种算法能够确定该程序是不是自终止的。因此,停机问题的解决方案超出了计算机的能力范围。

6.2.3 计算复杂性理论

图灵的理想计算机是抽象的、理想化的可计算性模型,它是以存储空间是无限的和计算时间是无界的这两个假设为前提的。但是,现实的计算机的存储空间是有限的,计算时间是有界的。所以对于用于某类求解问题的算法必须十分注意使用存储空间不能过大,进行计算时间不能过长,以便节省计算机的资源,提高算法的正确性与有效性。这种关注与研究计算过程对时间与空间资源的需求量的理论,称为计算复杂性理论。

计算复杂性理论是用数学方法研究使用计算机解决各种算法问题的复杂性与困难度的理论,其目的是弄清与分析被求解问题的固有难度,评价某个算法的优劣与效率,以便获取更高效的算法。其目的是用数学方法研究使用计算机各种算法进行问题求解的复杂性与困难度,评价各种算法的优劣与效率,以便获得最佳与最有效的算法。

1. 算法的基本概念及其主要特征

算法是研究某问题求解的计算过程或计算程序的学科。著名计算机科学家克努特在他的《计算机程序设计技巧》中提出算法概念具有如下五个主要特征:

① 可行性:表示算法中的所有计算都是可用计算机实现的。

② 确定性:表示算法的每个步骤都是有明确定义和严格定义的,不允许出现多义性等模棱两可的解释。

③ 有穷性:表示算法必须在有限的步骤内执行完毕。

④ 输入:每个算法必有 $1 \sim n$ 个数据作为输入。

⑤ 输出:每个算法必有 $1 \sim m$ 个数据作为输出。没有输出的算法表示算法"什么都没有做"。

这五个主要特征唯一地确定了算法的基本性质(算法必须是可计算的),因此,也可作为算法的定义。

2. 算法的效率性与正确性

计算机算法是解题的能行过程,它必须具有效率性与正确性,亦即必须在有限的步骤内快速、准确而高效地完成计算任务,并获得正确的解答。

于是,算法必须满足如下要求:

① 算法必须满足于丘奇-图灵论题的可计算性。

② 算法的正确性(有输入必有输出)必须给出证明。

③ 算法的复杂性必须尽量少地消耗计算机的时间与空间资源,达到获得正确结论的目的。

由于算法存在着有无之分和优劣之别,其判断标准是:计算速度快,花费时间少,消耗资源低,所得结果正确。

3. 关于算法的复杂性

算法的复杂性源于问题求解的复杂性。对计算机而言,则是执行算法所需的数据规模大小及必须完成的步骤数量的多少。

其一,算法复杂性表现。

① 计算时间的复杂性。

由于求解同一个问题,可用多种不同的算法。算法不同,则计算的步骤数量也不同,所需的计算时间随之不同。为此,必须从中选择节省时间的算法。

② 计算空间的复杂性。

除时间复杂性之外,还有一个计算空间的复杂性问题。亦即在寻找正确而高效的算法时,必须注意它们执行的步骤数量所需的存储空间,使其占用尽量小的存储空间。

因此,为寻找到正确而高效的算法,必须注意这一算法是否能明显地节约机器运行的时间与空间。

其二,计算复杂性的度量。

为了给出现实中的可计算性概念,必须在分析与研究计算复杂性的基础上,对"复杂性"的概念给出一个度量或界线。因为同样是计算函数 $f(n)$ 的值,当自变元 n 的值改变时所需的存储量和计算时间也会随之改变。这样,计算 $f(0)$ 和计算 $f(1000)$ 相比,显然 $f(0)$ 要方便得多,快速得多。这意味着计算所需要的存储量和所花的时间是随 n 的值而改变的。于是,n 取什么值便成为度量计算复杂性或困难度的一个划分的界线。在这个界线内的,便说这个函数 f 是现实可计算的,否则便是现实难以计算或不可计算的。

在研究 n 取什么值作为计算复杂性的度量或界线中,人们比较了多项式和其他非多项式的数学表达式,如图 6-4 所示。

由上发现,相对于非多项式的指数函数而言,多项式时间模型是可节省机器的时间与空间的。于是,人们将多项式时间模型 P 作为计算复杂性的一个度量或界线,并以此作为计算复杂性问题的可解(确定性的多项式算法,P 型)和难解

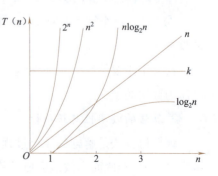

图 6-4 计算复杂度示意图

(非确定性的多项式算法,NP 型)的分水岭。

这样一来,现今问题求解的算法问题可分为可解(有确定性算法)和不可解(没有算法解)两类。而可解类中除可计算性算法外,又分为两个子集,一个是多项式时间型 P 集合,另一个是非多项式时间型 NP 集合,如图 6-5 所示。

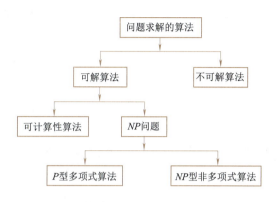

图 6-5　问题求解算法的分类图

其三,NP 问题。

有了确定性多项式时间算法 P 作为度量或界线后,便可对计算复杂性的可解度问题进行分析与研究。例如"旅行推销员问题"(Traveling Salesperson Problem),该问题是:一个推销员在 n 个城市推销产品,怎样才能走遍所有城市,并使所走的路径最短?对此,最简单的思路是列举所有可能的线路并算出总路径,然后加以比较而选出最小路程。这个思路是一个可以在计算机上实现的算法,但当城市的数量 n 很大时,它总共有 $n!$ 条路线。如取 $n=20$,则要算出所有可能路线中的最短路线,即使用一台每秒上亿次的计算机也需要几百年时间!这类问题在组合数学、图论与运筹学等领域大量存在,人们至今并不知道这类问题是否存在多项式时间算法。据此,是否存在多项式时间算法被定义为 NP 问题。根据 P 型和 NP 型的定义可直接得出:

$$P \subseteq NP$$

这表明:NP 问题是包括所有 P 中问题的,在直觉上 NP 问题与 P 问题是不同的,但至今却未能找到一个属于 NP 型却能证明不是 P 型的问题!那么在实际上 NP 和 P 是否相同?亦即是否任一 NP 型问题实际上都可用多项式时间算法求解?这个著名的"NP = P?"已成为当今理论计算机科学与数学中最重要的未解决的问题之一,并引起数学家与计算机科学家的广泛关注。

1971 年,库克(S. Cook)证明了存在着一类特殊的 NP 型问题,他称之为 NP 完全性问题(记为 NPC),对任意一个 NP 安全性问题找到了多项式时间就可以产生一切其他 NP 问题的多项式算法,并证明了旅行推销商问题属于 NPC,是不能在多项式时间内求解的。因此,"P = NP?"至今仍未得到证明(没有证明 P = NP,也没有证明 P ≠ NP)。

其四，洪加威的"相似性原理"。

洪加威于 1960 年毕业于北京大学数学系，就学最后一年确定专业为数理逻辑。1974 年调入北京市计算中心，1980 年代曾任北京计算机学院院长，又到美国周游列校，是世界著名的理论计算机科学家。

在计算复杂性问题的研究中，众多学者找到了多空间的完全性问题。洪加威于 1980 年 10 月 15 日在第 21 届计算机科学基础会议上应邀作了具有开创性的学术报告《计算的相似性与对偶性原理》，指出：自从图灵论题提出以来，我们知道，不同的计算模型是等价的。但我最近得出，任何合理模型所使用的并行时间、序列时间和存储空间在本质上都是一样多的，即具有所谓的相似性，……洪加威所提出的"相似性原理"扩展了丘奇-图灵论题，曾一度轰动理论计算机科学界。提出相似性原则：所有计算装置在复杂性上都是相似的。国际人工智能界的热门话题"连结模型"（一种多项式时间复杂性的完全性问题），但一直未找到决定性的模型是等价的，从理论上深刻地揭示了这一模型的本质，为进一步研究奠定了理论基础。在数学上，要否定一个几何定理，找出一个反倒就够了，但是要证明一个几何定理，决不能只靠一些具体例子，洪加威提出了别具一格的"例证法"。人们只要找出一个具体的例子或一个误差范围，用计算机检查一下，如果这个例子在误差范围内正确，这个几何定理就被证明了；否则定理不成立。这是对初等数学的一大贡献。人称它将丘奇-图灵论题向前推进了一大步，洞察到了复杂性理论的关键所在。

他的主要贡献之一是提出了计算复杂性理论中的"相似性原理"，其意义是：

① 不仅统一了所有的计算模型，而且揭示了计算装置之间相互模拟都可以在多项式时间内完成，它们之间并不存在原则上的差异。

② 不仅计算是客观存在的，而且计算复杂性也是一种客观存在。计算问题不能只考虑能否计算，必须研究计算的复杂性及其算法的存在性、正确性与有效性。

③ 丘奇-图灵论题和相似性原理都不是数学定理，更像物理定律（或计算理论中的假设），图灵论题判定可计算或不可计算，而相似性原理则判定计算复杂性问题算法的正确性与有效性。

6.3 计算机算法的原理

算法概念自古有之，0.3 我们简略地介绍了算法概念的演变过程；计算机出现之后，我们在 6.1 中将计算机科学定位于一门研究计算机算法的学科；6.2 则指出了可计算性理论是算法基础。本节进一步对计算机算法的原理进行探讨。

6.3.1 计算机算法的有关概念

在 6.1 与 6.2 中，我们已对算法的概念及其特征与性质作了较为详细的论述。计算机算法是计算机出现后,以丘奇-图灵论题为基础,在创立计算机科学的过程中形成的。它实现了图灵理想计算机及其可计算性理论,本质上是一种人机结合的、让计算机替代人类计算过程的算法。

1. 计算机算法的定义

算法是某类问题求解的方案或过程,其目的在于将某类问题的计算过程表示为有限的序列。

对某类问题的求解,首先必须建立一个符号系统,将问题求解概括为一个模型。然后,构造一个合适的执行流程,称为算法,在算法指引下编写程序接着指导计算机执行,并最终获得计算结果,这种算法便称为"计算机算法"。据此,计算机科学中所涉及的算法都是计算机算法(有关计算机算法的主要性质和 6.2 所论及的是完全相同的,这里不再重复)。

2. 计算机算法的主要内涵是"计算"与"过程"

(1) 计算

它用符号表示,对数据间的关系进行运算和操作。一般常用的计算有:算术运算、逻辑运算、关系运算、字符运算、传输运算、变换运算以及查询、增、删、改、输入、展示、调用等操作。

(2) 过程

它主要用于运算(或操作)时执行次序的控制,一般包括如下几种控制方法。

① 顺序控制:一般情况下计算机的运算(或操作)必须按排列顺序依次执行。

② 选择控制:根据判断条件进行二选一或者多选一的控制;此外,还可进行强制性控制;

③ 循环控制:主要用于运算(或操作)的多次执行的控制。

3. 计算机算法的描述

一般常用的计算机算法的描述有三种。

(1) 形式化描述

用符号形式描述计算机算法(或称其为"类语言"描述或"伪代码"描述)。

(2) 半形式化描述

这是一种用符号描述和自然语言混合的算法描述,是一种用图示形式表示算法的描述方法。其中有三种基本图示符号,将它们之间用常箭头的直线相连而构成一个算法的流程,称为"算法流程图"。

算法流程图的三种基本图示符号及箭头是:

① 矩形:计算单位,用于表示计算(或操作),其内容可用自然语言书写在矩形内,如图6-6(a)所示。

② 菱形:用于表示控制中的判断条件,其内容可用自然语言书写在菱形内,如

图 6-6(b)所示。

③ 椭圆形:用于表示算法的起点与终点,其有关说明可用自然语言书写于椭圆形内,如图 6-6(c)所示。

④ 箭头:用于表示控制流程执行的次序,如图 6-6(d)所示。

算法流程图如图 6-6(e)所示。

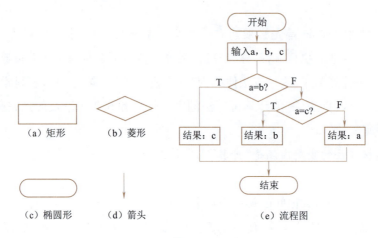

图 6-6 算法流程示意图

(3)非形式化描述

这是计算机算法最原始的描述。它一般以自然语言为主,也可使用少量类语言。图 6-5 所示的描述方式,即非形式化描述的算法。

6.3.2 计算机算法的复杂性表示

1. 算法复杂性"阶"的概念

计算机算法复杂性,又称为算法复杂度(Algorithm Complexity),其中的"度量"是按"阶"分类的,并提出"有效算法"与"指数算法"的概念。

算法复杂度的分"阶",在前面的讨论中,我们已指出了时间与空间的复杂度都是 n 的函数。如果将算法的时间与空间复杂度分别记为 $T(n)$ 与 $g(n)$,用 O 表示将 $T(n)$ 和 $g(n)$ 所分成的档次,称为阶。

(1)算法时间复杂度的分"阶"

算法时间复杂度 $T(n)$ 可分成如下由低到高的六个阶:

① 常数阶 $O(1)$:表示时间复杂度与输入数据量无关。

② 对数阶 $O(\log_2 n)$:表示时间复杂度与输入数据量 n 有对数关系。

③ 线性阶 $O(n)$:表示时间复杂度与输入数据量 n 有线性关系。

④ 线性对数阶 $O(n\log_2 n)$:表示时间复杂度与输入数据量 n 及其对数有关。

⑤ 平方阶 $O(n^2)$、立方阶 $O(n^3)$以及 k 次方阶 $O(n^k)$:表示时间复杂度与输入数

据量 n 具有多项式关系。

⑥ 指数阶 $O(2^n)$：表示时间复杂度与输入流 n 有指数关系。

这样一来，整个算法的 $T(n)$ 从低到高，它的阶越低，执行的速度越快。所以应尽量选择低阶的算法。

(2) 算法空间复杂度的分"阶"

与此同时，算法空间复杂度 $g(n)$ 与算法时间复杂度类似，也可分成由低到高的六个阶：$O(1)$、$O(\log_2 n)$、$O(n)$、$O(n\log_2 n)$、$O(n^k)$、$O(2^n)$。在空间复杂度中计算空间是以一个存储单元为基本存储单位，一般尽量选用低阶的算法。

2. 多项式算法和指数算法的定义

有鉴于用"阶"的概念划分复杂度与所使用的处理系统是无关的。因此，若取常量 $c>0$ 和正整数 N，当 $n>N$ 时，有 $g(n)>c \cdot |f(n)|$，则称 $g(n) = O(f(n))$。如果 $g(n) = O(f(n))$，且 $f(n) = O(g(n))$，则称 $g(n) = \Theta(f(n))$（亦即空间复杂度和时间复杂度是互推或等阶的）。这样，对于图灵机而言，如果存在一整数 d，使 $T_M(n) = \Theta(n^d)$，则称 M 为多项式算法。如果 $T_M(n) = \Theta(2^n)$，便称 M 是指数时间算法。

这样，在对 $f(n)$ 和 $g(n)$ 做了上述六个阶的划分之后，又可将算法根据复杂度由低到高分成三个级别：

● 线性级算法（可计算性）：①～④，此类可在线性时间内完成。

● 多项式级算法（确定性算法）：此类算法可在多项式时间内完成。其复杂度大于线性级算法。它可以接受，但是实现难度大。

● 指数级算法（非确定性算法）：具有高度复杂性与困难度的算法。虽然对指数范围加以限定时，可在计算机上计算，但是效率极低。当指数范围不作限定时，则是不可计算的，故一般不予选用。

3. "有效算法"的概念

根据算法复杂度的分阶，关于有效算法概念较具代表性的定义是：

① 对于一个算法，如果其运行时间（空间规模）可以表示为输入规模的多项式，则称该算法是有效算法。

②《人工智能简史》则指出，计算机算法有两个层面：

其一，可计算性满足丘奇-图灵论题；

其二，复杂性遵循洪加威相似性：各类计算模型可以在多项式时间（空间规模）内实现相互模拟。

从目前情况看，计算机科学所能接受的是有效算法。

4. "指数级算法"的概念

根据算法复杂度的分阶，关于"指数级算法"概念较具代表性的定义是：

① 对于一个算法，如果其运行时间（空间规模）可以表示为输入规模的指数级算

法,则称该算法是"非有效算法",也称"指数级算法"。

② 也可以说,计算机算法有两个层面:

其一,可计算性满足丘奇-图灵论题。

其二,复杂性遵循洪加威相似性:各类计算模型在指数时间(空间规模)内实现相互模拟。

从目前情况看,计算机科学很难接受指数级算法。但是在实际操作中,经常会出现此类算法,为此我们进一步对它做分类分成两种。

指数级算法的 2^n 中 n 是自然数变量。随着计算机算力的不断提升,n 这个变量也是可以不断上升的。因此我们可以不断赋予 n 一个变量值,在此变量值内的算法是可以计算的,故称"可接受的"指数级算法。而超越 n 的算法是不可以计算的,则称"不可接受的"指数级算法。在计算机科学中所能接受的有效算法外,有时还能接受少量的"可接受的"指数级算法。

6.3.3 计算机算法的设计

计算机算法的设计,主要是指算法构造的过程及其方法。

1. 计算机算法设计的目标

计算机算法设计的目标是将算法转换成计算机程序。为此,必须引入程序设计的语言,最终用算法编码成计算机能执行的有序的计算程序。

2. 计算机算法评估

计算机算法和其他算法一样,不是唯一的,而是多个的。所以,算法有好坏之分,优劣之列,它是需要评估的,其评估指标包括三个部分:

① 算法的可计算性:必须满足丘奇-图灵论题。

② 算法的正确性:有输入必有输出;算法的正确性是必须证明的。

③ 算法的效率性:尽量少地消耗计算机的时间与空间资源。

一般而言,多项式时间与空间算法是可以接受的,而复杂性过高的指数算法则是不予采用的。

3. 计算机算法的完整表示

到此为止,我们已经对计算机算法做了全面的介绍,下面介绍一个算法的完整表示。

一个算法的完整表示有两个部分:算法的描述部分与算法的评价部分。

(1) 算法的描述部分

算法的描述部分共含 4 个内容,分别是:

① 算法名:给出算法的标识,用于唯一标识指定的算法,在算法名中还可以附带一些必要的说明。

② 算法输入:给出算法的输入数据及相应的说明,有时,算法可以允许没有输入。

③ 算法输出：给出算法的输出数据要求及相应说明。任何算法必须有输出，否则，该算法就是一个无效算法。

④ 算法流程：给出算法的计算过程，它可以用形式化描述，也可以用半形式或非形式化描述，但是它一般不用程序设计语言描述。

(2) 算法的评价部分

算法的评价部分是算法中所必需的，它包括两方面内容。

① 算法的正确性：必须对算法是否正确给出证明，特别是对复杂的算法尤为需要。算法的证明一般用数学方法实现。但对简单的算法只要做必要说明即可。

② 算法分析：包括算法时间复杂性分析与空间复杂性分析。一般来说，$T(n)$ 与 $S(n)$ 在有效时间与空间之内都是可以接受的，当然它们的阶越低越好。但是，对指数级算法一般不予接受。

一个完整的算法表示一定包括这 6 个内容。

6.4 计算机算法的执行——程序设计语言与程序

6.4.1 计算机算法与程序

计算机算法是图灵的理想计算机及其可计算性的原理的产物。它有一个符号系统，用以将计算机模拟人类计算的过程，给出形式化的描述。但这种描述可以有多种，可以选择其最优者，称为算法设计。但最终所选定的算法并不能驱动计算机运行而得到结果，因此必须将选定的计算机算法转换成用程序设计语言表示的，并被编码了的计算机程序。将程序输入计算机，由计算机执行，并最终获得正确的结果。

由此可见，算法不等同于程序。算法的目标是设计一个正确而高效的计算过程，而程序的功能则是实现一个正确而高效的计算过程。算法是程序设计的基础，程序是实现算法的目的。

据此，计算机模拟人类计算过程，是算法和程序设计相互合作的过程，可用图 6-7 表示。

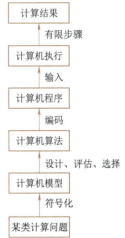

图 6-7 计算机模拟计算过程示意图

6.4.2 程序设计语言

由计算机算法转换成计算机程序是由程序设计语言作为工具而完成的。程序设计语言是计算机所能理解的一种人工制作的语言。计算机是以电子器件为主的一种装置,一般情况下它不能执行操作,它只能理解程序设计语言,并听从于用程序设计语言编写的程序执行操作。人类以算法为依据,用程序设计语言编写程序并发送给计算机,此后计算机即按程序要求执行,最后获得结果。因此程序设计语言是将算法在计算机中实现的关键。

下面讨论程序设计语言中的几个主要问题。

1. 程序设计语言的基本组成

程序设计语言有多种,现就目前常用的 C 语言为例说明程序设计语言的主要内容和成分。

一个程序设计语言一般由三部分组成:数据说明、处理描述及程序结构规则。

(1) 数据说明

程序的处理对象是数据,因此在程序设计语言中必有数据描述。程序设计语言中包含三种基本数据元素,它们是:

① 数值型:包括整数型、实数型等。

② 字符型:包括变长字符串、定长字符串等。

③ 布尔型:即仅由 True 及 False 两个值组成的类型。

在程序设计语言中,一般用变量表示数据。变量一般由变量名与变量类型两部分组成。在 C 语言中,int x 定义了一个变量名为 x,类型为整型的变量。在语言中,四种基本类型为整数型、实数型、字符型及布尔型等,可分别表示为 int、real、char 及 boolean。此处还可用常量表示固定数据。

现代的程序设计语言中还会包括常用的数据元素及数据单元,如元组、数组等。

(2) 处理描述

处理描述给出了程序中的基本处理操作。

① 基本运算处理。

- 数值操作:针对数值型数据的一些操作,如算术运算、比较运算等。
- 字符操作:针对字符型数据的一些操作,如字符串比较、拼接、删、减等。
- 逻辑操作:针对布尔型数据的一些操作,如逻辑运算、逻辑比较等。

在程序设计语言中,处理描述首先定义一些运算符,如 +、−、×、÷、<、>、= 等。其次,由运算符、变量及常量可以组成表达式,如 x = a + b × c 等。它们组成了基本运算处理单元。

② 流程控制。

流程控制一般有三种。

- 顺序控制:程序执行的常规方式是顺序控制,即程序在执行完一条语句后,顺序执行下一条语句。顺序控制并不需要用专门的控制语句表示。
- 转移控制:程序执行在某些时候需要改变顺序执行方式而转向执行另外的语

句,称为转移控制。转移控制的实现需要用专门的转移控制语句完成。转移控制一般有两种,一种是无条件转移,另一种是条件转移。所谓条件转移,即预设有一个条件,当条件满足时,程序转向执行指定的语句;否则顺序执行。无条件转移,即不预先设定任何条件,不管发生何种情况,程序总是转向执行某指定语句。

在 C 语言中可用 if 语句、switch 语句等表示条件转移。if 语句如下:

if(p) A;

else B;

上述语句表示为当预设条件 p 满足时程序执行 A;否则执行 B。

在 C 语言中可用 goto 语句表示无条件转移。goto 语句如下:

goto A;

上述语句表示程序转向执行标写为 A 的语句。

此外,还有 return 及 break 等语句可以实现无条件转移。

● 循环控制。

在程序中经常会出现反复执行某段程序,直到某条件不满足为止,称为循环控制。循环控制的实现需要用专门语句完成,称为循环控制语句。

在 C 语言中可用 while 语句、for 语句等表示循环控制语句。while 语句如下:

while(p) A;

上述语句表示若条件 p 满足则重复执行操作 A,直到 p 不满足为止。

③ 赋值功能。

赋值功能主要用于将常量赋予变量。在程序设计语言中,一般用"="表示赋值。如"int x; x = 18"表示将常量 18 赋予变量 x,x = 18 称为赋值语句。

④ 传输功能。

传输功能用于程序中数据的输入、输出。C 语言中有两个函数,它们是 scanf( )与 printf( ),分别用于标准的输入、输出。

(3) 程序结构规则

程序是有结构的,不同语言的程序结构是不同的。程序结构是指如何构造程序,它需要按语言所给予的规则构造。在 C 语言中的函数结构,程序按函数组织,程序中有一个主函数,其他函数都可由主函数通过调用进行连接。

下面给出一个程序例子。

【例】输入 3 个整数,比较后输出其最大数。

这个例子的程序可用 C 语言编写如下:

```
1.#include <stdio.h>
2.int maxvalue(int a,int b,int c)
3.{ int max;
```

4. if(a > b) max = a;

5. else max = b;

6. if(max < c) max = c;

7. return(max); }

8. void main()

9. { int x,y,z,maxx;

10. printf("input three numbers:");

11. scanf("% d% d% d",&x,&y,&z);

12. maxx = maxvalue(x,y,z);

13. printf("最大值 max = % d\\n",maxx); }

在这个例子中,语句 3 与 9 为数据说明;4、5、6 及 7 为流程控制;10、11 及 13 为输入/输出传输;而赋值及运算处理在 4、5、6 及 12 中;最后,1、2、7、8 及 12 等为程序结构。

2. 编码

用程序设计语言编写程序的过程称为编程或编码。编码是依据算法进行的,一般有以下几个部分的工作。

① 依据算法中的输入、输出及流程中的数据,定义数据结构;

② 依据算法中的计算单位用程序设计语言中的基本运算处理单元(如表达式)、赋值、传输等计算功能编码;

③ 依据算法中的顺序、选择、循环控制单位用程序设计语言中相应的顺序、选择、循环语句编码。

图 6-8 给出了三种算法控制流程的示意图。

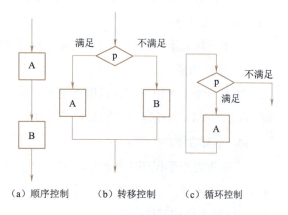

图 6-8 三种算法控制流程示意图

下面三个示例语句表示了三种算法控制流程。

① 顺序语句:

A. scanf("% d% d% d",&x,&y,&z);

B. maxx = maxvalue(x,y,z);

② 选择语句:

if(p) A;

else B;

③ 循环语句:

```
while(p) A;
```
④ 依据程序设计语言中的相应结构及语法要求做全局修改、调整。

经过上述过程后,一个算法就成为一个程序了。

3. 翻译系统

世界上有两种语言,一种是自然语言,如汉语、英语及日语等,另一种是人工语言,如计算机中机器语言、程序设计语言等。机器语言是计算机自身内部语言,也称指令系统。程序设计语言是人类与计算机交流的语言。在自然语言中要相互理解,必须翻译。同样,计算机中,人类与计算机之间要相互理解,也必须翻译。这种翻译是将程序设计语言翻译成为计算机机器语言,称为计算机翻译。这种翻译有两种,一种是逐句翻译,称解释;另一种是全文翻译,称编译。为了翻译,须有一个翻译软件,称为翻译器,或翻译系统。

一个问题求解的过程由三个步骤组成。

① 问题求解用算法表示。

② 算法表示用程序设计语言书写的程序表示,这种程序是一种代码的形式,称源代码。

③ 程序表示通过翻译系统翻译成为机器语言(指令系统)的指令序列,它也是一种代码的形式,称目标代码。

因此,一个算法流程的执行就变成了计算机中指令序列的执行。这里程序设计语言起着重要作用。

第 7 章

人工智能与算法

计算机出现后,1950 年图灵提出了"智能机器"的概念,1956 年,达特茅斯召开的"人工智能夏季研讨会"意味着算法的历史即将进入人工智能算法的新时代。人工智能算法的研究对象是人类智能,其目的是使计算机不仅能按照人类要求进行数据计算,而且具有人类的某种智能(如认知、感知、推理、识别、学习、自然语言理解、图像处理、声音处理……),其内涵涉及哲学、逻辑、脑科学、心理学、语言学、数学、物理学、机电感知等众多学科的交织与融合。

7.1 人工智能学科研究的核心是算法

人工智能学科的研究对象是人类智能,需要特别强调的是人工智能是通过算法才能用计算机模拟人类智能(人脑功能)的。因此,人工智能算法是人工智能发展与繁荣的首要一环,在其中始终起着关键性的核心作用,并处于中心地位。

7.1.1 人工智能及人工智能算法的定义

现今有多种人工智能定义,一般而言,我们理解的正式介绍是:

人工智能(Artifical Intelligence,AI)就是用人造的机器模拟人类智能。但从目前而言,这种机器主要指的是计算机,而人类智能主要指的是人脑功能。因此,从最为简单与宏观的意义上看,人工智能即是用电脑模拟人脑的一门学科。

① 人脑:人类的智能主要体现在人脑中,因此人工智能主要的研究目标是人脑。

② 电脑:模拟人脑的人造计算装置或机器是计算机,或称电脑。因此人工智能主要的研究工具是电脑。

③ 模拟:就目前科学水平而言,人类对人脑的功能及其内部结构的了解很少,因此还无法从生物学或从物理学观点着手制造出人脑,所以只能用模拟方法模仿人脑已知的功能,再通过电脑实现它。因此人工智能主要的研究方法是"模拟"。

根据上述的解释,人工智能定义可图示为图 7-1。

图7-1 人工智能定义示意图

这样一来,人工智能就是用人工制造的计算机模拟人类智能(主要是人脑)的一门学科。其中人脑属脑科学研究,电脑属于计算机科学研究,而实际上真正人工智能研究的是"模拟"。通过模拟方法建立起相应的人脑理论模型(一般最终用数学形式表示)及相应的算法。然后,对人脑中的智能问题,通过模拟理论建立"模型",并对模型求解,这种解应是算法解,这样就可以用计算机开发若干工具,将算法编码为程序,经计算机运行后实现这一模型。这样就完成了从人脑中的智能问题到最终在计算机中获得解决的全过程,它具有近似于人类智能的功能。在其中,算法起了核心的作用。

由此可见,人工智能的定义是:用模拟方法建立起相应的"理论模型",再通过算法以计算机为工具实现这一智能模型。简单来说:人工智能是通过算法用计算机模拟人类智能的一门新兴学科。

而人工智能的算法可定义为:能指导计算机执行并模拟实现人类智能的过程称为人工智能算法。

某人类智能问题通过算法用计算机模拟的全过程可用图7-2表示。

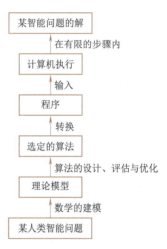

图7-2 人类智能问题通过算法用计算机模拟的过程

从上面的人工智能定义详细介绍中可以看出,人工智能大致有理论模型和智能算法两部分内容。

(1) 理论模型

理论模型是模拟人类智能的一种理论体系,具有代表性的是按三个不同角度与层次对其做探究,从而形成的三种学派。

① 从人脑内部生物结构角度的研究所形成的学派,称为连接主义学派(Conectionism),其典型的研究代表是人工神经网络。

② 从人脑思维活动形式表示角度的研究所形成的学派,称为功能主义或符号主义学派(Symbolicism),其典型的研究代表是形式逻辑推理。

③ 从人脑活动与外部世界动态环境交互行为角度的研究所形成的学派,称为行为主义学派(Actionism),其典型的研究代表是Agent。

这三种方法从人脑内在的内涵、外延两个方面以及人脑与环境动态交互行为等三个角度全方位研究人工智能,组合于一体形成了对人脑的全面的认识与了解。

在这三种学派指引下,出现了多种理论,如控制理论、信息论、自动机理论、数理逻辑理论、感知机理论、智能体以及基于应用数学(如概率论、数理统计等)等多种理论,用这些理论做适当改造与发展,可以模拟不同的人类智能,这是一种具有智能表示能力的理论模型,也可称为智能模型。

(2)智能算法

人工智能中的问题求解都是用理论模型中的数学形式表示的。它的解一般有两种,其一是算法解,另一种是非算法解,为了能在计算机中计算,必须是算法解。目前常用的算法有两种,一种是演绎推理算法,另一种是归纳推理算法。

因此,人工智能研究主要是讨论三个学派与两种算法。目前三个学派的研究已基本取得一致共识,而两种算法的深入研讨尚有艰巨复杂的研究任务,故而,它已成为人工智能当前的主要关注核心。

7.1.2 人工智能算法和计算机算法的差异性

人工智能算法和计算机算法都是建立在数理逻辑的可计算性理论之上的。人工智能算法是用计算机模拟人类智能,它是计算机算法"质"的提升,在研究对象、研究内容与研究方法等方面和计算机算法具有"质"的差异性。

其一,人工智能算法的研究目标是人类智能,即是人类主观世界,是让计算机(机器)和人类一样,具有会思考、会推理、会识别等功能。而计算机算法的研究目标则是人类所处客观世界,如火车购票系统中的购票算法,如工厂生产流程管理系统中的生产流程算法等。

其二,人工智能算法的研究对象是知识,而计算机算法的研究对象则是数据。

其三,人工智能算法的研究方法目前主要是推理,包括演绎推理、归纳推理等。而计算机算法的研究方法则是计算。

7.1.3 人工智能算法是人工智能学科研究的"核心"

1. 人工智能由数据(知识)、算力、算法三大要素构成

人工智能是由数据、算力、算法这三大要素构成的,它们之间的关系如图7-3所示。

图7-3 人工智能三大要素结构示意图

算法是核心,数据为计算活动提供了先决条件(计算与操作的对象),算力为计算活动提供了宽广的基础平台。

2. 人工智能算法是人工智能学科研究的"核心"

人工智能用计算机模拟人类智能是通过算法才能加以实现的。人工智能和人类智能之间存在着如下密切关系(见图7-4)：

这意味着算法为人类智能和人工智能之间架起了一个唯一的通道。人类智能通过算法才能实现人工智能。反之，人工智能通过被认定的算法，才能还原为人类智能。

图7-4　人工智能与人类智能密切相关示意图

于是，我们称人工智能算法是人工智能学科研究的"核心"或"灵魂"。发现并确定人工智能算法，数据才有用武之地，计算机才能具有像人类一样的智能。否则，人工智能将是无源之水，无木之林，空中楼阁。

3. 关键在于算法的发现

算法的发现(算法存在)是人工智能最具有挑战性的重要一环。人们往往关注算法的表示，而忽视了算法是否存在以及如何发现的问题。

算法源于问题求解。关于问题求解，著名数学家波利亚(G. Polya)于1945年提出了一个松散定义，将其置于人工智能算法发现环境下，它的四个阶段是：

第一阶段：分析与理解问题。

第二阶段：设计出求解这个问题的模型。

第三阶段：确切地解决这个模型的求解过程，它称为算法。

第四阶段：评价这个算法，使之成为用计算机能求解的算法。

其中第一和第二阶段是给出求解问题的建模(计算机模拟)，第三阶段是寻找与发现算法的过程；第四阶段是获得求解问题之"解"，亦即判定算法的存在性或断言算法是否发现。

7.2 人工智能学科的发展史是一部算法的发展史

人工智能的发展史，从不同的立足点或学术视野出发，会有不同的主线。有鉴于人工智能始于人们长期以来梦想用人造的机器模拟或替代人类智能的愿望，而在计算机出现后有了实现的希望，自此以后，各种学科的代表性人物从不同角度开始此方面的探讨，提出了多种不同理论与方法。从20世纪50年代开始至今已经历七十余年不断探索的历史，经历了三起两落的艰难历程，终于在21世纪头十年迎来了新的突破，并在各种不同应用中开始发挥着"头雁"的作用。

因此，如果以数理逻辑和算法理论进化为主线，人工智能学科的发展史实际上是一部算法的发展史。其历史轨迹目前可分为三个发展阶段:第一个阶段,人工智能及其算法的萌芽与奠基,建立了人工智能学科的理论基础;第二个阶段,主要以研究与应用演绎性推理算法为主,如知识工程等;第三阶段,主要以研究与应用归纳性推理算法为主,如机器学习等。

7.2.1 人工智能算法的萌芽与奠基(20世纪40年代至20世纪60年代末)

这是人工智能发展史上的第一次高潮。它可细分为两个时期。

1. 萌芽期

有关人工智能的最原始的研究,从古希腊时期就开始了。其代表性人物是亚里士多德,他以哲学观点研究人类思维形式化的规律,并形成了"形式逻辑"。计算机的出现及其广泛应用形成了一个人工智能的萌芽期。来自各个不同学术领域的著名学者,从各自的学术视野出发,对人工智能提出了不同的理解、认识与方案,其中,具有代表性的有:

① 1943年,心理学家麦克洛奇(Mcculloch)和逻辑学家皮兹(Pitts)首创仿生学思想,并提出了首个人工神经网络模型——MP模型,此后,美国康奈尔大学的心理学家罗森布拉特(Frank Rosenblatt,1928—1971)通过组合多个形式神经元,开发出一种"感知机"(Perceptron)的人工神经网络模型,为连接主义学派的创立打下了基础。

② 1948年,维纳(Wiener)首次提出控制论概念,为人工智能行为主义学派的出现提供了理论基础。

③ 1948年,香农(Shannon)发表了"通信的数学理论",将数学理论引入数字电路通信中,通过纠错码的方法,解决了信息传输中的误码率问题。这标志了信息论的诞生。

④ 1936年,图灵提出了一种理想计算机的数学模型,即图灵机,为后来电子数字计算机的问世奠定了理论基础。1950年,图灵在《思想》(Mind)杂志上发表了《计算的机器和智能》的论文,提出了著名的图灵测试,首次为人工智能的概念作出了最为基础性的解释。所谓图灵测试的意思指的是:让一台机器A和一个人B坐在幕后,让一个裁判C同时与幕后的人和机器进行交流,如果这个裁判无法判断自己交流的对象是人还是机器,就说明这台机器有了和人同等的智能。

⑤ 1945年,计算机的问世,为人工智能的应用发展提供了基本性的保证。借助于计算机的能力,人工智能应用如雨后春笋,破土而出。

⑥ 1951年,多个数学家在计算机上利用数理逻辑方法自动编排民航时刻表与列车运行时刻表。它表示着计算机的智能应用已经来临,并表示了符号主义的作用已经显现。接着,应用纠错理论与计算机相结合于通信领域中,为数字通信电路的发展作出了关键性的贡献。

以上所出现的各种研究方向与方法,包括了数理逻辑、信息论、控制论、自动机、仿生学、计算机智能应用及图灵测试等,表现了人工智能出现前的多种思想与流派,为人工智能的真正问世创造了条件。

⑦ 1953 年,"信息论"的创始人香农将这一期间的成果编写成一本文集。这本文集在 1956 年以《自动机研究》(Automata Studies)为名出版,展示了人工智能早期开拓者的各种思想与学派。自动机研究的出现为人工智能的面世从理论上奠定了基础。

2. 第一高峰期

1956 年,在麦卡锡(见图 7-5)的发起与主持下,于达特茅斯召开了"人工智能夏季研讨会"。

图 7-5 "人工智能夏季研讨会"发起人麦卡锡

这次会议历经长达两个月的讨论,其历史贡献是:

① 首次提出"人工智能"(Artificial Intelligence,AI)概念。

② 确定了"用机器模拟人类智能,在认知的各个方面或智能的其他任何特征原则上都能够被精确地描述,从而能制造出模拟它的机器。……期望出现一个真正的智能计算机程序"。

③ 在围绕主题进行学术交流的过程中,形成了符号主义(Symbolicism)、连接主义(Conectionism)及行为主义(Actionism)三大不同的学派。

1956 年,人工智能的首次研讨会以后,人工智能的第一次高潮出现,一直到 20 世纪 60 年代末期为止。

在此时期中,人工智能的研究与应用都取得了重大进展,人工智能作为一门学科已初步形成,主要表现为:

① 人工智能三大研究学派均已出现,其理论架构已基本成型。

② 专业应用技术研究的思想、方法也大体确定,在当今广为人知的一些应用热点,如机器博弈、机器翻译、感知机、模式识别及专家系统等应用技术在当时也均已出现。

③ 同时也开发了若干基于简单算法的计算机应用,如五子棋博弈、西洋跳棋程序、

问答式翻译、梵塔及迷宫问题的求解等。

此阶段的成果在当时都是里程碑式的,其代表性成果有感知机的开发,具有智能特征的机器证明的问世,以及机器人技术的创新。但是,从现代眼光看来,这些都是初步的,特别是人工智能(计算机)的应用,当时曾被人嘲弄为"简单的智力游戏而已"。而具有实际价值上的应用却很少,其进一步发展受制于算法研究的欠缺和计算机的能力不足。因此,进入20世纪60年代末期,人工智能的第一次高潮走入了低谷,被称为"人工智能寒冬"。

总结该时期,人工智能由萌芽到逐渐形成统一的理论框架,其学科体系已具雏形,但对算法研究欠缺造成了应用的短板。

7.2.2 知识工程和演绎推理算法(20世纪70年代至20世纪80年代末)

经过近十年的寒冬,20世纪70年代末开始,随着计算机的不断发展并进入了超大规模集成电路的第四代,人工智能的算法终于迎来了一个新的春天,并很快形成了一个世界性的第二次高潮。其主要标志是知识工程和演绎推理算法的创立及专家系统的出现与繁荣。

1. 专家系统的出现

专家系统(Expert System)是用计算机模拟、掌握专家的一定知识通过推理思维活动,形成解决问题的计算机应用系统。在1965年,费根鲍姆与人合作开发了第一个著名的专家系统 DENDRAL(输入的是质谱化的数据,输出的是给定物质的化学结构)。1976年,由美国斯坦福大学肖特利夫(Shortliffe)为首的团队开发了血液病诊断的专家系统(MYCLN),被学界一致认为是"专家系统设计典范"。

2. 知识工程的出现

美国著名的心理学家兼人工智能学家,时任斯坦福大学计算中心主任的费根鲍姆(Feigenbaum,1936— ,见图7-6)于1977年,在"第五届国际人工智能大会"上总结初期专家系统的基础上,提出了"知识工程"(Knowledge Engineering)的概念。

费根鲍姆明确指出:人工智能的研究对象与中心是知识,出路在于工程化。这是针对当时人工智能界研究对象不明确、研究方向重理论轻"工程"所提出的方向性指导建议。所谓"工程"即应重视"人工智能的计算机开发应用",具体地说即用计算机模拟人类智能,但与传统的计算机开发应用不同。

在传统的计算机中是"数据结构"与"计算算法",而费根鲍姆创立了知识推理算法,这意味着人工智能的知识推

图7-6 "知识工程"创始人费根鲍姆

理算法已经诞生,其主要思想是:以"知识"为中心或基础,"工程化"是方向,其算法是以演绎推理为主,因此知识工程用"知识"+"推理算法"的计算机模拟人类智能的应用。

3. 以知识表示及以归结原理为主的演绎推理算法

在知识工程这种思想指引下,人工智能终于走出了低谷,进入了以计算机为工具的新的应用阶段。这种应用特点以知识表示以及相应的演绎推理算法为主。其中知识表示有多种,以谓词逻辑表示法最为常用。相应的也有多种推理算法,以逻辑推理法最为常用。它的代表性算法是罗宾逊的归结原理。

4. 推理算法的应用

费根鲍姆创立了人工智能知识推理算法之后,20世纪80年代,出现了一个沿着费根鲍姆所指出的方向,用计算机模拟专家从事专业实践思维过程的应用热潮,即正式命名的"专家系统"。这两者的有机结合所产生的效果使人工智能终于起死回生,从此出现了人工智能新的应用高潮,导致诸如诊断型、预测型、解释型、教学型、咨询型等各类专家系统如雨后春笋般纷纷出世,使知识推理算法及专家系统经历了十余年黄金时代。

专家系统是知识工程的一个应用系统,使用的是专家知识与演绎算法,获得的是"新的知识"。在其中的"专家知识"是需知识工程师与专家联合努力用人工获得的知识,难度较大,这是它的不足。

5. 专家系统的两个代表

(1) 第五代计算机

1978年,日本通产省为了在全球信息产业中占据领导地位,决定委任时任东京大学计算中心主任的日本计算机学界的权威元冈达(Tohru Moto-Oka,1929—1985)研制第五代计算机。三年后的1981年,以元冈达为首的委员会提交了一份长达89页的报告,提出了第五代计算机六种先进的体系结构,它是一种以知识为中心,以知识推理为算法的具有人机对话功能的巨型计算机系统,它的研制促进了20世纪80年代人工智能的知识推理算法的繁荣。

(2) 深蓝

在20世纪90年代,IBM公司所开发的计算机"深蓝"(Deep Blue)连续两年战胜了国际象棋大师、世界冠军卡斯帕洛夫,从而轰动了世界,而这个深蓝就是一个专家系统。图7-7所示即深蓝计算机。

图7-7 Deep Blue 在计算机历史博物馆

在此时期中人工智能的理论与应用都得到了长足的

发展。理论方面主要围绕以知识为中心的推理方法,特别是基于符号主义的逻辑推理方法得到了充分发挥。应用方面以专家系统为中心,使人工智能真正产生了实际应用效果。

6. 第二次的低谷

在经过了 10 余年兴旺发达的日子后,特别是实际应用开发后,逐渐发现对于中小型的专家系统的效果尚好,但对大型的专家系统实际效果并不理想,其典型表现是日本五代机的应用并未达到原有设计目标,最终导致失败。究其原因主要是推理算法的不完备性以及指数级的算法复杂性所致,到了 20 世纪 90 年代,人工智能发展又一次走入低谷。

总结该时期,人工智能已由理论研究进入与计算机算法紧密结合,并由研究真正走向了实际应用。但算法的不完备性以及指数级的算法复杂性,导致了进一步发展的困难。

7.2.3 机器学习和归纳推理算法

20 世纪 80 年代开始,人工智能第二次高潮实际上已开始逐渐衰退,但是另一新的算法正在悄然升起,这就是归纳推理算法。对它的研究与成长的过程是经历了一个漫长的近四十年的历史。它包括在 20 世纪 80 年代开始以数据为中心的归纳推理算法——数据挖掘,以应用数学为中心的归纳推理算法——知识发现以及人工智能自身的归纳算法为主的研究方向,它们统称为机器学习(Machine Learning)。

1. 机器学习

机器学习方法应运而生,使得人工智能进入"机器学习时期"。"机器学习时期"也分为三个阶段。

① 20 世纪 80 年代,连接主义较为流行,代表工作有感知机(Perceptron)和神经网络(Neural Network)。

② 20 世纪 90 年代,统计学习方法开始占据主流舞台,代表性方法有支持向量机(Support Vector Machine)。

③ 进入 21 世纪,深度神经网络被提出,连接主义卷土重来,随着数据量和计算能力的不断提升,以深度学习(Deep Learning)为基础的诸多 AI 应用逐渐成熟。

机器学习是一门多领域交叉学科,涉及概率论、统计学、逼近论、凸分析、算法复杂度理论等多门学科。它是继专家系统之后人工智能应用的又一重要研究领域,也是人工智能和神经计算的核心研究课题之一。它是人工智能的核心,是使计算机具有智能的根本途径,其应用遍及人工智能的各个领域,它主要使用归纳、综合而不是演绎。

机器学习的出现使得人工智能逐渐进入了一个新的以数据归纳为特色的新时代。

2. 机器学习的归纳推理算法的改进——深度学习

机器学习在实际应用中能发挥很好的作用,但也发现了很多的不足,主要是:

① 它须要海量数据,所获得知识的正确性与数据量关系很大。

② 所用的样本数据的属性与算法关系很大,一般很难用人工方式确定。

③ 对人工智能中人类的视觉、听觉及语言等学习能力效果很差。

有基于此,必须在机器学习的算法基础上进一步做改进与扩充,从而出现了深度学习算法。其典型的是基于人工神经网络算法的改进版——卷积人工神经网络算法。

深度学习(深度人工神经网络)的奠基人、连接主义学派的领头人之一、多伦多大学教授辛顿(Geoffrey Hinton,1947—)首次提出并形成了深度学习的概念,并应用深度人工神经网络和卷积神经网络开发了语言识别和图像识别系统。

2012 年,连接主义学派的新星,时任斯坦福大学人工智能实验室主任的吴恩达(1936—)模仿人脑的神经网络,建造了一台当时世界上最大的由多个神经形态芯片(神经元)搭建成的人工神经网络(人工大脑),为深度学习机理提供了机器硬件基础。

在此基础上形成了以感知功能为中心的深度学习算法(通过对含有很多隐含层的"深度学习模拟"的构建,来实现"特征学习"的目的)。在数据、算力和深度学习算法这三大要素的相互交织与融合,连接主义学派实现了用计算机模拟人类感知功能的目标。

深度学习算法能自动获取样本属性,能应用于视觉、听觉及语言等领域,较易获取数据。因此,21 世纪问世后,其应用取得了突破进展,人工智能的第三次高潮正式出现,特别是 Alpha Go 的问世,震惊全球。

目前,人工智能还处在第三次发展高潮中,而深度学习算法是目前主要的应用算法。

7.3 人工智能的推理算法

人工智能的推理算法是符号主义(或符号逻辑)学派的算法思想,其主要特征是:

① 这是基于多种知识表示的人工智能算法。

② 目标是以知识为中心,用计算机推理算法模拟人类认知功能。

③ 人工智能的知识推理算法的历史轨迹是以逻辑推理为基础,经推理获取知识。在 21 世纪,形成以知识图谱为知识表示的推理方法,成为新一代知识推理算法。

7.3.1 以知识为中心

知识是人们在认识世界与改造世界的过程中形成的认识与经验并经抽象而形成

的实体。知识是由符号组成的,具有语义。从形式上看知识是一种带有语义的符号系统。

1. 知识表示

知识是需要表示的,为表示方便,一般采用形式化的表示,并具有规范化的方法。因此,知识表示就是用形式化、规范化的方式对知识的描述。其内容包括一组事实、规则以及控制性知识等,部分情况下还会组成知识模型。在网络上为使用与管理方便还可以以海量形式组织知识库。知识表示方法很多,如状态空间、产生式、谓词逻辑及知识图谱等,其前期典型是谓词逻辑。

2. 知识推理

知识不仅需要表示,还需要推理,这样才能从已知知识推出或证明新的知识。符号主义的知识推理算法是以演绎推理方法为主的一种由一般性知识(或已知知识)出发,通过演绎推理而获得个别知识(或新的知识),如图7-8所示。

图7-8 演绎推理示意图

3. 知识表示不同会导致知识推理的不同

知识的演绎推理是按规则从一般原理(或已知知识)推出具体知识(或未知知识)的知识创新算法。知识表示不同,会导致推理形式的差异。知识推理算法的历史演变显示:以逻辑推理为基础,经20世纪80年代的知识工程、专家系统,到21世纪演变为知识图谱技术。因此,逻辑推理算法是知识推理算法的基础。

7.3.2 逻辑推理算法

逻辑推理算法又称机器证明,它以逻辑作为知识表示的语言,其知识推理是在计算机上进行谓词逻辑的永真推理,其推理是从已知逻辑式推出未知逻辑式,如图7-9所示。

图7-9 逻辑推理算法示意图

20世纪50年代开始,一批著名数理逻辑学家为用计算机模拟数学家进行定理证明的思维过程而创立了"机器证明"(自动化定理证明)。

1. 王浩的"命题演算"

1958年,著名的华裔美籍的数理逻辑学家王浩发现了命题演算的机器证明,他是机器证明的先驱(见图7-10)。

20世纪30年代,丘奇-图灵分别而独立地证明了一阶谓词演算是不可解或不可判定的。命题演算系统是可判定的或可证明的,而一阶谓词演算系统是整体不可判定的,但某些特殊的问题可能是可判定的。

王浩首先判定了罗素和怀海特合著的《数学原理》中罗列的一阶逻辑定理只是一阶逻辑的一个子集,其中的一阶逻辑公式的普遍有效性都是可判定的,其前束词都是带有如下形式的:

$$\forall x_1 \ \forall x_2 \cdots \forall x_m \ \exists y_1 \ \exists y_2 \cdots \exists y_n$$

$$\forall x_1 \ \forall x_2 \cdots \forall x_m \ \exists y \ \forall z_1 \ \forall z_2 \cdots \forall z_m$$

$$\forall x_1 \ \forall x_2 \cdots \forall x_m \ \exists y_1 \ \exists y_2 \ \forall z_1 \ \forall z_2 \cdots \forall z_m$$

图7-10 命题演算机器证明先驱——王浩

而非不可判定的其前束词具有如下形式:

$$\exists x_1 \ \exists x_2 \cdots \exists x_m \ \forall y_1 \ \forall y_2 \cdots \forall y_n$$

$$\forall x_1 \ \forall x_2 \cdots \forall x_m \ \exists y_1 \ \exists y_2 \ \exists y_3 \ \forall z_1 \ \forall z_2 \cdots \forall z_m$$

于是,《数学原理》中的命题演算系统的重言式和一阶谓词逻辑的普遍有效公式都是可证式系统。

王浩在判定《数学原理》中的命题演算以及部分特殊的一阶逻辑演算是可证的基础上,将具有可证性的命题演算系统用计算机的语言符号编码成机械化程序,并在一台IBM 704计算机上实现了一个完备的命题逻辑程序,以及一个一阶逻辑程序。后者只用9 min就证明了《数学原理》中一阶逻辑的全部150条定理中的120条。1959年夏的改进版本则证明了一阶逻辑的全部150条定理以及200条命题逻辑定理。

因此,王浩的"命题演算"及其程序是一个满足丘奇-图灵论题完美的逻辑推理算法,被誉为第一个具有智能性的人工智能算法。

2. 罗宾逊的归结原理

美国著名哲学兼数理逻辑学家阿兰·罗宾逊(John Alan Robinson)于1953年在剑桥大学获得了古典学学位后来到美国,1956年在普林斯顿大学获得哲学博士,1961年在赖斯(Rice)大学哲学系任教,但每年夏天到阿贡国家实验室进行机器证明的研究。在这一过程中他发现了谓词逻辑自动化证明中的归结原理,1965年发表在美国计算机学会会刊JACM上。他采用合一算法和归结原理相结合的证明算法,证明了任何一阶谓词演算中真的公式必是正确的(可证的)。

根据《离散数学导论》(第5版)的介绍,罗宾逊的归结原理的主要思想是:

(1)谓词逻辑公式的进一步规范——子句与子句集

① 将公式转换成斯科伦范式(具有合取范式)。

② 除去公式中的全称量词。

③ 将每个合取项用蕴涵式表示,这种蕴涵式称为子句,如:$A(c,y) \leftarrow B_1(c,y), \rightarrow R(a,x), \leftarrow F(c,y)$。

④ 最后,一个公式用一个子句集表示,如:$\{A(c,y) \leftarrow B(c,y), B(c,y) \leftarrow A(c,y), \rightarrow R(a,x)\}$。

(2) 归结原理

归结原理是用反证推理方法实现的一种算法,它是自动定理证明的算法理论基础。对客观世界中的问题域可以建立定理证明形式,其中已知部分可视为已知条件,以子句集形式表示,而待证部分即可视为需求证的定理,也以子句集形式表示。

① 设已知子句集为 S,对 S 可有:

$$S = \{E_1, E_2, \cdots, E_n\}$$

其中 $E_i(i=1,2,\cdots,n)$ 均为子句,而待证的定理为 E_0,下面分几个步骤讨论。**证明方法选择反证法**。

由子句集 S 推出 E 相当于由 $S \cup \{\neg E\}$ 推得 □。

② 证明的算法基础——归结原理。

定理 7.1 设有公式为真:

$$A_n \leftarrow A_1, A_2, \cdots, A_{n-1}$$
$$B_m \leftarrow B_1, B_2, \cdots, B_{m-1}$$

其中 $A_n = B_i(i<m)$,则必有公式为真:

$$B_m \leftarrow A_1, A_2, \cdots, A_{n-1}, B_1, B_2, \cdots, B_{i-1}, B_{i+1}, B_{m-1}$$

推论 由 $\{P \leftarrow, \leftarrow P\}$ 可得空子句 □。

此定理告诉我们:

- 两子句不同的两边如有相同命题则可以消去,这是归结原理的基本思想,此方法称为反驳法。
- 由推论可知,由 P 与 $\neg P$ 可得空子句。

这样我们可以得到一种新的证明方法,即由 S 为已知条件证明 E 为定理的过程可改为:

- 作 $S' = S \cup \{\neg E\}$ 为已知。
- 从 $\neg E$ 开始在 S' 内不断使用反驳法。
- 最后出现空子句则结束。

在此定理证明中仅使用一种方法即反驳法。反驳法的具体过程如下:

- 寻找两子句不同端的相同命题,此过程称为合一(包括合一、代换与匹配算法)。
- 找到后进行消去且将两子句合并。

这样,谓词逻辑任何证明过程变得十分简单,这为计算机定理证明从理论上做好了准备。

【例7.1】试证:已知条件为$(\neg S \vee R) \wedge (\neg Q \vee \neg R \vee P)$,求证$(\neg S \vee \neg Q) \wedge P$。

【证】由$(\neg S \vee R) \wedge (\neg Q \vee \neg R \vee P)$可得子句集:
$$S = \{R \leftarrow S, P \leftarrow Q, R\}$$

而$(\neg S \vee \neg Q) \wedge P$的否定可表示成:
$$\{S, Q \leftarrow P\}$$

构造一个新集合:
$$S' = \{R \leftarrow S, P \leftarrow Q, R, S, Q \leftarrow P\}$$

从$S, Q \leftarrow P$开始用反驳法:
$$\left.\begin{array}{l} S, Q \leftarrow P \\ P \leftarrow Q, R \end{array}\right\} 可得: S \leftarrow R$$

$$\left.\begin{array}{l} S \leftarrow R \\ R \leftarrow S \end{array}\right\} 可得: \square$$

定理得证。

【例7.2】试证:已知条件为:$R \wedge Q \wedge (P \vee \neg Q \vee \neg R)$求证$P$。

【证】由$R \wedge Q \wedge (P \vee \neg Q \vee \neg R)$可得子句集:
$$S = \{P \leftarrow Q, R, R \leftarrow, Q \leftarrow\}$$

构作新句子集:
$$S' = \{P \leftarrow Q, R, R \leftarrow, Q \leftarrow, \leftarrow P\}$$

由$\leftarrow P$开始用反驳法:
$$\left.\begin{array}{l} \leftarrow P \\ P \leftarrow Q, R \end{array}\right\} 可得: \leftarrow Q, R$$

$$\left.\begin{array}{l} \leftarrow Q, R \\ Q \leftarrow \end{array}\right\} 可得: \leftarrow R$$

$$\left.\begin{array}{l} \leftarrow R \\ R \leftarrow \end{array}\right\} 可得: \square$$

定理得证。

归结原理实现的关键是如下三个算法。

● 合一算法。

它是比较两个谓词表达式是否相同,不仅要逐项比较,更需做出代换,使不同的谓词经代换后变成相同。

例如,如果比较表达式$x+(y+z)$和$a+((b+c)+d)$,合一算法就会建议用表达式a代换变量x,用表达式$b+c$代换变量y,用表达式d代换变量z。这样,两个表达式就相同了。反之,如果比较表达式$x+(y+z)$和a,那么合一算法便失败了,因为无论怎样代换变量x, y和z,都没有方法让两个表达式相同。

这样，对于用 $x+(y+z)=(x+y)+z$ 来证明命题 $a+((b+c)+d)=((a+b)+c)+d$，有了上述比较之后，便将这以证明的命题变成了：$a+((b+c)+d=((a+b+c)+d$，第二步，把 $a+(b+c)$ 换成 $(a+b)+c$ 便很容易证明了这一命题，因为 P 形如 $x=x$。

- 代换算法。

对一组变元 $x_1,x_2,\cdots,x_n$，它们可以分别用 $t_1,t_2,\cdots,t_n$ 来替换，从而得到另一组变元 $t_1,\cdots,t_n$，这种替换便称为代换。

- 匹配算法。

由于合一与代换都不是唯一的，在两个子句不同端寻找相同的命题也是复杂的，为建立最为一般的"合一"，罗宾逊将合一算法和归结原理结合起来，其一，将等量公理变成计算规则；其二，再加上一组称为"匹配"的计算规则(相当于丘奇 λ 转换演算中的 β 归纳)。如果一组计算规则不匹配，有时可以通过添加规则使之匹配。这样一来，算法不仅拉开了匹配和公理化方法与计算规则的距离，还可简单而快捷地在计算机上实现谓词逻辑的自动化的证明。

(3) 归结原理算法的评价

① 算法是正确的。

② 该算法是可判定的、不完备的。

③ 算法中的合一算法是指数级复杂度。

归结原理算法是一种演绎推理算法,该算法与传统意义上的计算机算法是完全不同的,它是不完备的且是指数级算法。

7.3.3 吴文俊推理算法

在与归结原理研究的同时,吴文俊开创了几何定理自动证明的先河。吴文俊(1919—2017)毕业于原中国交通大学数学系,1949 年获法国斯特拉斯大学博士学位,曾任中国科学院院士,2001 年获国家最高科学技术奖。

他于 1946 年开始研究拓扑学,1974 年后转向中国数学史的研究,1976 年开始,毅然决定从事数学机械化(亦即机器证明)研究。

(1) 几何定理证明自动化的发明

吴文俊声称他从事数学机械化研究的动因及其数学基础是：

- 中国古代数学中的几何代数化思想。
- 笛卡儿的解析几何思想。
- 希尔伯特的《几何基础》。

吴文俊的几何定理自动化证明的方法分为三步。

第一步：从几何定理体系出发,引进坐标,将任何几何问题代数化。

第二步：将证明题的假设和结论分别表示成多元多项式方程，并确定从假设到结论的推导步骤。

第三步：将第二步确定的推导步骤编成程序并在计算机上运算，以判断定理是否成立。

然后，吴文俊运用自己的方法，在计算机上完成了西姆森线、费尔巴哈定理、毛莱定理等一系列初等几何定理的证明。随后，他又把证明的范围扩大到非欧几何、仿射几何、圆几何、线几何、球几何等领域。到 20 世纪 80 年代，运用吴文俊的方法，已证明了 600 多条几何证明，有的定理只需几秒甚至零点几秒就可完成证明。其中有一些定理按传统方式加以证明是相当繁杂的，即便由数学家来证明也是相当困难的。

（2）机器证明的代数化

吴文俊创立数学机械化理论的另一个转折点是由单纯的更一般的代数解方程而引发的。

吴文俊在研究几何定理机器证明的实践中意识到：机器证明可看成是解方程的特殊应用。从而促进他思考并提出了一个后来被证明卓有成效的将问题化为代数方程求解的数学机械化方案。其中最关键的一步是将代数方程组化为单元代数方程。对于这一笛卡儿未置一词至今尚无完整的求解非线性多项式方程组的方法，吴文俊则在研究机器证明代数化中发现了"三角化整序法"（国际上称之为"吴方法"），并使其成为目前唯一完整的方法。

对于"吴方法"的创立，吴文俊说：其一，遵循笛卡儿的解析几何学将其可化归为代数方程组；其二，根据中国古代数学家朱世杰的四元术和三角化整序法将其化归为单个高次代数方程式，再将这一高次代数方程式的求解问题编成程序输入计算机，由计算机执行并完成计算过程。

（3）"吴方法"的意义

吴文俊创立了几何定理机器证明及其代数化方法后，在国际上得到了广泛的关注，产生了巨大的影响，普遍确认：

其一，王浩是逻辑系统定理证明自动化（机械化）的先驱，吴文俊则开了几何定理证明的先河。

其二，基于逻辑的定理证明自动化最适合解决代数问题，而几何定理证明又都是基于代数的，所以吴文俊的机器证明代数化，为机器证明开辟了新纪元。为此，王浩在得知吴文俊的结果后，马上写信给吴文俊，建议他利用已有的代数包，甚至考虑自己动手写个程序来实现吴的方法，并在国际上极力推荐吴方法的创造性与有效性，使吴文俊 1997 年获得了第四届埃尔布朗奖（这是定理证明领域的最高奖项）。

其三，吴文俊是立足于数学及其本质的数学家。他不同于逻辑学家将机器证明当作目标（逻辑学真理），而把其当作工具（是否有用）。他从中国数学的构造性与机械化特征出发,断言:每一次数学的重大突破,往往是脑力劳动的机械化体现。数学机械化是自古以来数学发展的主流思想。

7.4 人工智能的归纳算法

人工智能的归纳算法是连接主义学派的主要算法思想(还包括部分行为主义学派)。其主要特征是:
- 反映人类智能内在活动规律(或称内涵)的算法,它在人工智能中主要应用于机器学习。
- 目标是让机器(计算机)具有学习功能。
- 机器学习中的算法很多,但目前最有效的是归纳算法。
- 归纳算法有很多种,但目前最活跃的是人工神经网络算法。其算法演变的历程是在感知器的基础上经浅层学习中的基本人工神经网络算法,到21世纪深度学习中的卷积人工神经网络算法,目前已成为人工智能中最为活跃的一个分支。

7.4.1 以学习为中心

人脑的最大长处是"在学习中成长的能力",而计算机的最大优势是具有高速的计算能力。机器学习算法则把两者的长处结合起来,让机器具有强大的人类学习能力。

1. 学习的概念

学习是人类从外界获取知识与创新知识的一个过程。人类的知识主要是通过"学习"得到的。一般而言,学习可分为直接学习和间接学习两类:
- 直接学习:人类通过直接方式与外部世界环境接触,包括观察与实践而获得的知识。
- 间接学习:通过父母、师长、前辈的言传身教以及从书本、视频、音频等途径而获得的知识。

间接学习和直接学习都可以获取知识,但其最根本的是直接学习,因此这里所讨论的学习主要指的是直接学习。学习所获得的知识主要是通过归纳的思维方法。这就形成了学习与归纳间的关系。其中学习是目标,归纳是方法。

在归纳中,环境中形形色色的各类事物是归纳的对象,而经过归纳后所得到的结果是知识。而这个完整的过程是学习。

2. 机器学习的概念

机器学习的概念是建立在人类学习概念的基础上的。其意是:用计算机系统模拟人类学习。它由三个部分组成。

- 算力,也称计算机系统,它是机器学习的基础。
- 算法,在机器学习中是归纳算法,或称归纳推理算法。
- 数据,是环境中的大量、各种客体,在计算机中可用数据表示,它是学习对象。

因此,机器学习是对外部环境存在着的大量数据,应用归纳算法,获得知识(规律性、法则性、类似性),如图7-11所示。

图7-11 机器学习示意图

(1)算力

算力是机器学习的基础。算法和数据都建立在其上。算法和数据都是须要计算的。算力提供了计算的能力,它包括计算机系统。该系统有一定计算的能力,与算法和数据计算需求能相匹配。这种能力包括运算速度、并行性及分布性等,此外还包括相应的开发工具。

(2)数据

在机器学习中,环境中的各种客体在计算机中表现为具有一定结构的数据。识别各种客体都是通过其不同特性而实现的。因此,数据是由若干个属性(即特性)组合而成,称为样本。样本有两种。其一是由人工收集后通过录入进入计算机,其数据结构形式是表结构;其二是由传感器自动从环境中收集后通过一定方式转换成点阵式矩阵形式的数据。

(3)算法

机器学习的核心是归纳算法。为构筑算法须经过三个步骤。

① 建立理论模型,以表示机器学习中的问题求解形式及解的框架,称为**模型框架**。

② **机器建模**,它由理论系统中的模型框架与样本在算力支持下组成一组程序和数据。程序给出了学习过程,它是算法框架的计算机程序表示。其中有若干未知参数。数据是样本在计算机中的表示。数据输入程序做运算,称为模型训练,以不断调整参数值,此过程称为机器建模,它是一种归纳的过程。

③ **学习模型**,机器建模的最终,可得到学习的结果,是一种知识模型,称为学习模型。学习模型是一种计算机算法。

在完成学习模型后,即获得了计算机中的归纳算法。接着可在算力支撑下以数据为操作对象进行运算,最后得到归纳结果知识。

3.建立在计算机系统上的机器学习整体结构模型

机器学习的整体结构模型是建立在计算机系统上的。这种模型是学习模型在计算机上的具体化。图7-12给出了一个机器学习的基本结构模型。

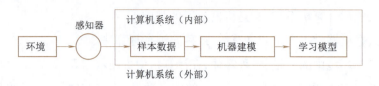

图 7-12　机器学习的基本结构模型

由此可见：

其一，机器学习的过程是由计算机内部学习系统和外部世界环境之间的交互而实现人类学习的功能。

其二，计算机系统的外在世界，其中"环境"是获得知识的源泉。而"感知器"是从环境中选取大量客体输入计算机系统，并将其转换成具有一定结构形式的数据（样本数据）。因此感知器是外在世界（环境）和计算机系统（内部）的一个接口。

其三，计算机系统内部通过样本数据，机器建模、学习模型，经计算机中的计算机模型、算法编码及运行，实现用计算机模拟人类学习的目标。

本节重点讨论以机器学习为目标，以人工神经网络为代表的归纳算法。它可依不同数据结构分为两种类型讨论。一种是浅层机器学习中的基本人工神经网络算法，另一种是深度学习的中的卷积人工神经网络算法。

7.4.2　基本人工神经网络算法

基本人工神经网络算法也可简称人工神经网络算法，主要应用于浅层机器学习中。

1. 样本数据

在人工神经网络的学习中都是通过样本数据获得知识的。它也称样本（Sample），具有统一的数据结构，并要求量大、正确性好。样本可从外部环境中人工获得，也可从网络中的文件、数据库及 Web 中获得。

人工神经网络的学习是由大量样本数据通过对模型框架的训练（即机器建模）而获得学习模型作为结果的一个过程，亦即可用下面公式表示：

$$样本数据 + 机器建模 = 学习模型$$

样本是一种表结构形式，由若干个属性组成。属性表示样本的固有性质，也称特性。样本在建模过程中起到了至关重要的作用，在建模中用样本训练模型，其量值越大所训练的模型正确性越高，因此样本的数量一般应具有海量性。

在训练模型过程中有两种不同样本。样本中的属性在训练模型过程中若仅作为训练而用，称为训练属性，如样本中所有属性均为训练属性，这种样本通称为**不带标号样本**；而在样本中除训练属性外，还有另外一种作为训练属性所对应的输出数据的属性，称为标号属性，而这种带有标号属性的样本称**带标号样本**。一般而言，不同样本训练不同的模型。在人工神经网络中一般用带标号样本所训练模型的学习方法,称为监督学习(Supervised learning)。这个方法在训练前已知输入和相应输出,其任务是建立一个由输入映射到输出的模型。这种模型在训练前已有一个带初始参数值的模型框架,通过训练不断调整其参数值,这种训练的样本须要足够的多才能使参数值逐渐收敛,达到稳定的值为止。这是一种最为有效的学习方法。但是带标号样本数据的搜集与获取比较困难,这是它的不足。另外还有由不带标号样本所训练模型的学习方法,称为**无监督学习**(Unsupervised learning)。无监督学习的样本较易获得,但所得到的模型规范性不足。

2. 人工神经网络理论模型

人工神经网络(Artifical Neural Networks,ANN)分为四部分:大脑机理、基本的人工神经元模型、人工神经网络及其结构和人工神经网络的学习机理。

1) 大脑机理

从生物学观点看,人类大脑由数千亿个脑细胞组成,每个细胞都有一定的状态,如兴奋、抑止,且状态程度不一样。细胞状态受外部影响经常会发生变化,同时细胞间通过"突触"相互关联。当一个细胞状态发生变化后,通过突触也可以对其他细胞产生影响。因此整个大脑中的细胞通过突触组成一个巨大的网络,并不断处于动态变化中,它可称为神经网络。

基于这种认识,我们可以建立起一种抽象的理论模型以模拟大脑工作机理,这就称为人工神经网络。

2) 基本人工神经元模型

人工神经网络中的基本单位是人工神经元。这是一种规范的模型,可用数学形式表示。根据该模型,一个人工神经元一般由输入、内部结构及输出三部分组成。

(1) 输入

一个神经元可接收多个外部的输入,亦即可以接收多个连接线的单向输入。

每个连接线来源于外部(包括外部其他神经元)的输出 X_i,每个连接线还包括一个权(或称权值)$W_{i,j}$,其中 i 表示连接线中外部神经元输出编号,j 表示连接线目标指向的神经元编号。一般讲,权值处于某个范围之内,可以是正值,也可以是负值。

(2) 内部结构

一个人工神经元的内部结构由三部分组成。

- 加法器:编号为 k 的神经元接收外部 m 个输入,包括输入信号 X_i 及与对应权 W_{ik} 的乘积($i=1,2,\cdots,m$)的累加,从而构成一个线性加法器。该加法器的值反映了外部神经元对 k 号神经元所产生的作用的值。
- 偏差值:加法器所产生的值经常会受外部干扰与影响而产生偏差,因此需要有一个偏差值以弥补此不足,k 号神经元的偏差值一般可用 θ_k 表示。

这样,加法器与偏差值可以构成用下面数学公式表示的 k 号神经元的数学模型,并用 net_k 表示为

$$\text{net}_k = \sum_{i=1}^{m} x_i \cdot w_{ik} + \theta_k \tag{7.1}$$

net_k 可作为其他神经元的输入,此时可记 I_k。

- 激活函数:激活函数 f 起辅助作用,设置它的目的是为了限制神经元输出值的幅度,使神经元的输出限制在某个范围之内,如在 $-1 \sim +1$ 之间或在 $0 \sim 1$ 之间。

激活函数一般可采用常用的压缩型函数(如 Logistic 函数、Sigmoid 函数等)。上面三个部分构成了 k 号神经元的内部结构,它可用 $f(\text{net}_k)$ 表示。

(3) 输出

一个 k 号神经元可以有输出,其输出值为 $y_k = f(\text{net}_k)$,它也可记为 O_k。这个输出可以通过连接线作为另一些神经元的输入。

据上解释,编号为 k 的基本人工神经元模型可如图 7-13 所示,其数学表示式为

$$f\left(\sum_{i=1}^{m} x_i \cdot w_{ik} + \theta_k \right) = y_k \tag{7.2}$$

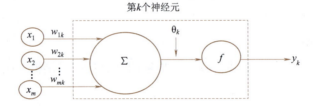

图 7-13 基本人工神经元模型示意图

3) 基本人工神经网络及其结构

由人工神经元按一定规则可组成人工神经网络。人工神经网络有基本网络与深层网络之分。这里介绍基本人工神经网络(或浅层人工神经网络)。

自然界的大脑神经网络结构比较复杂,规律性不强,但是人工神经网络为达到固定的功能与目标采用极有规则的结构方式。

(1) 层——单层与多层

人工神经网络按层组织,每层由若干个相同内部结构神经元并列组成,它们一般互不相连。层构成了人工神经网络 ANN 结构的基本单位。一个人工神经网络往往由若干个层组成,层与层之间由连接线相连。一个 ANN 有单层与多层之分,常用的是三层。

(2) 结构方式

在 ANN 的结构中,神经元按层排列,其连接线是有向的,称此种结构方式为前向型 ANN 结构。如果中间出现有封闭回路,称为反馈型 ANN 结构。目前常用的是前向

型 ANN 结构,如图 7-14 所示。

图 7-14　前向型 ANN 结构

4) 人工神经网络的学习机理

人工神经网络能自动进行学习,其基本思路是:首先建立带标号样本集,然后用样本集训练神经网络,通过不断调节网络不同层之间神经元连接上的权值,使训练误差逐步减小,最后完成网络训练过程,建立数学模型。

人工神经网络机器建模是以真实世界的带标号样本数据为基础进行的归纳,对 ANN 进行不断训练,一个样本数据有输入与输出数据,它反映了客观世界数据间的真实的因果关系,用样本数据对 ANN 进行输入,可以得到两种不同结果。一种是 ANN 的输出结果,另一种是样本的真实输出结果,两者之间必有一定误差。为达到两者的一致,需要修正 ANN 中的参数,具体地说就是修正权 W_{ij},这是用一组指定的、明确定义的数学公式实现的,它称为训练。通过不断训练,可以使权的修正值趋于 0,从而达到权值的收敛与稳定,完成整个学习过程。这种 ANN 就是一个学习模型,具有一定的归纳推理能力,能进行预测、分类等。

5) 人工神经网络中的反向传播模型——BP 模型

反向传播(Back Propagation)模型又称 BP 模型,它是多层、前向结构的人工神经网络,是 ANN 最常见模型。从算法观点看,它是一个算法架构。此种结构有如下特征:

(1) 三层结构

典型 BP 模型由三层组成。

① 第一层:输入层,共由 m 个神经元组成。它接收外界 m 个输入端 x_i($i=1,2,\cdots,m$)的输入,每个输入端与一个神经元连接,这种神经元模型是一种非基本模型,其神经元的输入为对应的外界输入值,而其输出端的值与输入端一致,即此 k 号神经元的输入值 $I_k = x_k$,并且有 $O_k = I_k = x_k$,如图 7-15 所示。

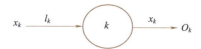

图 7-15　BP 模型第一层神经元结构

② 第二层:隐藏层,它共由 n 个神经元组成,具有基本人工神经元模型的形式。它的每个神经元接受第一层神经元全部 m 个输出作为其输入,这种输入方式称为全连接

输入。

③ 第三层:输出层,由 p 个神经元组成。它也具有基本人工神经元模型的形式,也接受第二层的全连接输入。此层神经元的输出即作为整个 ANN 的输出。图 7-16 给出了 BP 模型的示意图。

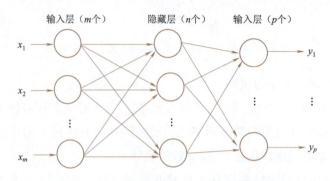

图 7-16 BP 网络模型结构示意图

(2) 学习能力

BP 模型的学习方式是通过反向传播方式进行的。这种方式是对一个样本作 BP 模型的输入,此时在输出层必有一个输出,对此输出与样本的标号属性值间必有误差,此时计算其误差值,并由此反向推导出隐藏层的误差值,最后由此误差值计算出需修正的权值及偏差值,其具体过程为当一个样本值输入 BP 网络后,使用应用数学中误差值计算方法,由反向传播方式计算。

① 输出层神经单元 j 的误差 Err_j 是:

$$Err_j = O_j(1 - O_j)(T_j - O_j) \tag{7.3}$$

其中 T_j 为样本类标记, O_j 为输出神经单元 j 实际输出, $O_j(1 - O_j)$ 为 Logistic 函数输出的导数。

② 用反向传播方式,由①反向计算隐藏层单元 j 的误差值:

$$Err_j = O_j(1 - O_j) \times \sum_k Err_k W_{jk} \tag{7.4}$$

其中 W_{jk} 是由下一较高层单元 k 到单元 j 的连接权,而 Err_k 是单元 k 的误差值。

③ 由式 7.4 可以计算修正权值与偏差值如下:

$$\Delta W_{ij} = (l) Err_j O_i \tag{7.5}$$

$$W_{ij} = W_{ij} + \Delta W_{ij} \tag{7.6}$$

$$\Delta \theta_j = (l) Err_j \tag{7.7}$$

$$\theta_j = \theta_j + \Delta \theta_j \tag{7.8}$$

其中 l 为学习率,通常取 0 到 1 间的一个常值。

对每个样本做式 7.3 ~ 式 7.8 的计算,并对网络权值及偏差值作修改后形成一个具有更新参数的 BP 网络。

经过多个样本训练后,BP 网络中的权与偏差的修正 W_{ij}、θ_j 小于某指定阈值,此时 BP 网络趋于稳定,该网络即有一定的预测及分类作用。

3. BP 模型算法

在 ANN 的算法中,我们用 BP 网络为理论,以实现分类归纳为目标的算法,该算法的方法与步骤由下面几部分组成。

(1)一组训练样本

算法输入需要有一组样本。样本由数据与类标记(标号属性值)两部分组成。样本必须经过离散化处理,同时还需对样本数据值做规范化处理,使它落入(0,1)之间。

(2)一个 BP 网络架构

算法输入需要有一个初始化的 BP 网络,即网络架构,具有图 7 – 16 所示的 BP 网络结构。

(3)算法输出

算法输出是一个经训练后的、稳定的 BP 网络,该网络能对数据做归纳。

(4)算法步骤

算法分下面几个步骤。

① 计算隐藏层及输出层的每个单元 j 的输入、输出值:

$$I_j = \sum_i W_{ij} O_i + \theta_j \quad // \text{相对于前一层} i,\text{计算单元} j \text{的输入}$$

$$O_j = 1/(1 + e^{-I_j}) \quad // \text{计算单元} j \text{的输出}$$

② 计算输出层每个单元 j 的误差:

$$Err_j = O_j(1 - O_j)(T_j - O_j)$$

③ 计算隐藏层每个单元 j 的误差:

$$Err_j = O_j(1 - O_j) \sum_k Err_k W_{jk}$$

④ 计算网络中每个权 W_{jk} 的修正值:

$$\Delta W_{ij} = (l) Err_j O_i$$

$$W_{ij} = W_{ij} + \Delta W_{ij}$$

⑤ 计算网络中每个偏差值 θ_j 的修正值:

$$\Delta \theta_j = (l) Err_j$$

$$\theta_j = \theta_j + \Delta \theta_j$$

⑥ 查看终止条件。终止条件一般有若干个,它们是:

- ΔW_{ij} 都已足够小,小于某指定阈值。
- 训练次数已达到某指定数量。

若未达终止条件则继续算法步骤,若已达终止条件则算法终止。

4. BP 算法的评价

① 复杂性:该算法主要是求解人工神经网络中的权值 W_{ij},这是一个变量。不同问题求解有不同的个数要求,因此它的复杂性属指数级,其解决方法一般是通过提高算力使其成为"可接受的"指数级算法。

② 正确性:该算法的正确性是无法证明的,其主要原因是人脑工作原理的数学模型其本身就无法证明。其次,算法生成与样本数量、样本正确性等多种因素有关。目前一般采用实验的办法,用一组数量的测试样本对算法做测验,最后以测验的正确率是否符合预期目标为准。这是一种统计性的方法。算法的正确性是统计意义上的正确性。

③ 可计算性:从可计算性观点看,它是不完备的。

由此可见,BP 算法与传统意义上的计算机算法是完全不同的,它具有统计意义上的正确性、不完备的且是"可接受的"指数级算法。

7.4.3 卷积神经网络算法

卷积神经网络算法主要应用于深层机器学习中,它是浅层机器学习的一种扩充,其基本原理、算法也是浅层机器学习的扩充。

我们知道,人类大脑通过五官接受来自外界的信息进行归纳学习后可获得知识。而在五官中,目前主要是视觉与听觉,其中尤以视觉占接受外界信息 75% 以上。而视觉所见到的客体是多维连续的,它通过摄像机及 A/D 装置等感知器进入计算机,转换成点阵式矩阵形式的数据(对听觉也有类似的情况)。它是一种变形的样本数据,矩阵中数据值多,事物特性表示不明显。因此须将众多数据按"去粗取精、去伪存真;由此及彼、由表及里"等方法,多层次抽取与浓缩其本质性"特性",最终获得少量的、本质性质的数据,这就是样本数据。这个过程称为"降维",它表示由多维点阵式矩阵形式的数据得到一维表结构的样本数据的过程。这个过程须要用某种降维算法表示与实现。故而深度学习的算法就是降维算法 + 浅层学习的算法,它是浅层学习的算法的扩充。其常用的是卷积神经网络算法。

1. 点阵式矩阵数据

外部世界存在有多种景物,它们可以通过摄像设备等图像传感器转化成计算机内的数字化图像,这是一个 $n \times m$ 点阵结构,可用矩阵 $A_{n \times m}$ 表示。点阵中的每个点称为像素,可用数字表示,它反映图像的灰度。这种图像是一种最基本的二维黑白矩阵。对复杂情况,在点阵中的每个点用矢量表示。矢量中的分量分别可表示颜色,其中颜色是由三个分量表示,分别反映红、黄、蓝三色,而其分量的值则反映了对应颜色的浓度。这就组成了二维彩色图像。它是 3D 矢量所组成的二维矩阵。此外,对三维图像在矢量中尚须增加"距离"这个维。因此一个图像由多个维的多个数据组成。

在卷积神经网络中就采用上述的点阵式矩阵数据结构作为输入数据,它可以理解为广义的样本数据,且是不带标号样本。若再加上相应的输出结果数据,则是带标号样本。

2. 卷积神经网络理论模型

本节介绍卷积神经网络(Convolutional Neural Networks,CNN)理论模型,分为三部分:大脑机理、基本的卷积神经原理、卷积神经网络结构,也称卷积神经网络框架。

1) 大脑机理

从生物学观点看,以人脑识别外部景物图像为例,人类大脑的视觉皮层具有分层结构,其观察事物是由局部到全局、由微观到宏观的过程。它采用下面几种方法:

- 人脑识别外部景物图像是先识别特性,再获得结果。
- 人脑特性识别是由细节到抽象的。
- 人脑特性识别是由局部到全局的。
- 人脑特性识别是由微观到宏观、由局部到全局逐层进行的,这种过程称为卷积。
- 人脑识别外部景物图像在预先识别特性后,再进一步学习获得结果知识。

对上述机理,解释为:人脑识别外部景物图像是先做卷积获得特性,这是表结构形式的样本,接着用传统人工神经网络算法,即 BP 算法获得结果知识。它可表示为:

$$卷积 + BP 算法$$

2) 卷积神经网络的原理

由上面的大脑机理可知,CNN 通过下面方法实现:

① CNN 在功能上完成特征或特征学习能力与分类学习能力。

② CNN 在结构上是一种多层 BP 神经网络,它由两部分组成。一是通过多个隐藏层以获取的特征学习能力;一是有一个隐藏层的 BP 网络以完成分类学习能力。这两者的有机结合组成了一个完整的 CNN。

③ CNN 中获取特征学习能力的隐藏层是通过卷积层与池化层实现的,在此中可使用不带标号的数据做训练。以卷积层与池化层所组成的隐藏层是有多个层次的,它们通过多层操作完成特征的提取与选择。在其中,卷积层完成特征的提取,池化层完成特征的选择。

④ CNN 中的卷积层结构完全采用传统 BP 神经网络中的隐藏层结构形式,而池化层结构则采用对卷积后的某一个区域用一个值代替的形式。

⑤ CNN 中通过局部感受区域(称为感受野)作为网络的输入,并构成多个卷积核通过计算组成卷积层,在后期再将其组合成全连接层。全连接层即是传统 BP 神经网络中的隐藏层。它完成了由局部到全局的过程。

⑥ CNN 是由多个层组织成的,包括输入层、卷积层、池化层、全连接层、输出层。

⑦ 在卷积层和池化层中可以用无标号数据训练,而输入层、全连接层、输出层则是

一个 BP 网络,它须要用带标号数据训练。

⑧ 由多个层次所组成的 CNN 从输入的点阵(如图像)开始进入多个卷积层(与池化层),每过一层都经历了"去粗取精,去伪存真"的过程,得到一个比上一层更为浓缩、特征更为明显的特征。在卷积层中,前面的卷积层捕捉点阵(如图像)局部、细节信息,后面的卷积层捕获更复杂、更抽象的信息。经过多个卷积层的运算,最后得到点阵(如图像)在各个不同尺度的抽象特征表示。

3) 卷积神经网络的结构

卷积神经网络结构共有五种类型层:输入层、卷积层、池化层、全连接层、输出层。其中卷积层、池化层和全连接层是隐藏层,这 3 层为卷积神经网络所特有。

(1) 卷积神经网络输入层

卷积神经网络的输入层可以处理多维数据,常见的是二维、三维的输入层。为简化起见,这里仅讨论二维数组。它可用以点阵为特征的 $n \times m$ 矩阵表示,组成了初始的特征图(Feature Map)。从神经网络的观点看,它是由 $n \times m$ 个神经元组成的卷积神经网络输入层。

(2) 卷积层

卷积层(Convolutional Layer)主要用于对输入层特征图进行特征提取。由于输入层特征图的数据不具明显特征性,必须对它加工,抽取其特征,这是卷积层任务。

卷积层的工作原理是依据人脑识别事物的思路进行的它主要有四个内容。

① 感受野(Receptive Field):人脑识别事物都是由局部到全体的。亦即由输入特征图中局部的一个区域逐个识别。这种区域是一个小方格,称为感受野。

② 滤波器(Filter):在每个感受野中获取该区域中的特征性结构,其方法是通过滤波的方法将感受野特征结构过滤出来,其中起滤波作用的函数称为滤波器,也称卷积核。

③ 局部计算:滤波是一种计算,它是从感受野经滤波器进行一定的计算而得到的。这是一种局部规模的计算,计算量少。仅涉及整层神经元中的一个局部的感受野与一个相应简单滤波器的计算,它不像传统神经网络中的计算一样涉及整层神经元与权值的计算。

④ 卷积(Convolution):依据人脑识别事物的思路是由部分的、细节的,往大的、宏观的逐步推进,一层一层,最终得到全部的、整体的特征性质的取得,这就是卷积。而在这种推进中,后一层的认识是以前一层为基础的。因此卷积层取得特征是一个多层次的过程。通过卷积,我们可以捕获图像的局部特征,通过多层卷积堆叠,各层提取到特征逐渐由边缘、纹理、方向等低层级特征过渡到文字、车轮、人脸等高层级特征。

以一个猫的图像为例。首先,通过点阵组成 256×256 的矩阵。它是整个卷积神经网络的输入层,由 256×256 个点阵所组成的一层神经元,接着进入卷积层,它可分为三层。第一层为局部细节层,可以得到猫图像上的细节结构,如猫身上的毛、脚上的爪等特征。第二层为局部宏观层,如猫的眼、耳、鼻、口、腿、背及部分尾等特征。它是建立在第一层基础上的。第三层为进一步宏观层,如猫的面部、身部及整个尾部等特征,它是建立在第二层基础上的。到了第三层,作为识别猫的所有特征均已自动获得。这就是卷积层的深层次概念。

① 感受野介绍。

在卷积层中,其基本关注单位是特征图中的一个局部区域,即感受野。对一个 $n \times m$ 的特征图构作一个局部区域如 4×4 的感受野。接着以感受野为单位对特征图进行动态移动划分,从左到右,从上到下。为了避免结构被区域拆散,相邻的区域之间还要有适当的重叠,它称为移动的步长(Stride)。下面给出一个 $9 \times 9 = 81$ 格的特征图,并给出一个局部区域如 4×4 的感受野,以步长为 1,可以构作出 $6 \times 6 = 36$ 个的单位。每个单位是下一层中的一个神经元。一共 36 个神经元,组成了下一层 36 个神经元的卷积层。它可用图 7-17 表示。而这层神经元中的值可用下一节中的方法计算获得,从而得到一个下一层的特征图。

在卷积神经网络中,一个 $n \times m = p$ 的特征图可用一层 p 个神经元表示,称卷积层,而特征图矩阵中的每个数据即是该层神经元中的值。

② 卷积核。

卷积层中为在感受野中获取特征,必须构作具有滤波作用的滤波器,也称卷积核(Convolutional Kernel)。它可以是一种函数,称核函数。核函数能

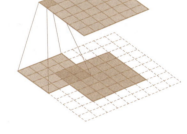

图 7-17　感受野生成过程示意图

将卷积计算中所得到的大数据量进行非线性压缩,为下一层计算提供基础。因此,核函数是一些非线性变换,常用的有多项式核函数、高斯核函数、Sigmoid 核函数等。在卷积神经网络中卷积核可表示为权重。

③ 偏置。

卷积核中的偏置参数与人工神经网络中偏置值具有相同含义。

一个卷积层内部包含多个卷积核,它由前一层特征图中的每一个感受野通过与卷积核计算生成下一个层的卷积层。

④ 卷积核计算。

在卷积层中的计算是以**感受野为单位做计算的**,因此是一种局部的计算。卷积层中的前后两层,一个是输入层,另一个是输出层。n 个神经元的输入层(输入特征图)通过动态移动分割得到 m 个**感受野**。**每个感受野都有一个卷积核用于作滤波**,这是一种计算,称卷积核计算,以获得**对应 m 个神经元的输出值**,从而得到 m 个神经元的卷积层作为输出。卷积核在计算时规律地扫描输入特征图,在感受野内对输入特征图做矩阵元素乘法求和,再加以偏差值。一般地,卷积核中神经元的计算方法为:

$$x_j^l = f\left(\sum_{i \in N_j} x_i^{l-1} \times k_{ij}^l + b_j^l\right)$$

其中，l 为网络层数，k 为卷积核，N_j 为输入层的感受野，b 为每个输出特征图的偏置值。

卷积层计算中，卷积核对局部输入数据感受野进行卷积计算。每计算完一个局部数据后，接着不断平移滑动，直到计算完所有数据。这个过程涉及以下几个概念。

- 深度：表示卷积层所对应的输入特征图感受野尺寸，它也表示卷积核的尺寸。
- 步长：表示卷积核每次卷积操作移动的距离，决定卷积核移动多少次到达特征图边缘。
- 填充值：在卷积层输入的外围边缘补充若干 0，方便从初始位置以步长为单位可以刚好移动到末尾位置。

这三者共同决定了卷积层输出特征图的尺寸大小。其中卷积核深度可以指定为小于输入图像尺寸的任意值。卷积步长定义了卷积核相邻两次扫过特征图时位置的距离。卷积步长为 1 时，卷积核会逐个扫过特征图的元素，步长为 n 时会在下一次扫描跳过 $n-1$ 个像素。

由卷积核的计算可知，随着卷积层的推进，特征图的尺寸大小会逐步减小。例如 16×16 的输入图像在经过单位步长、5×5 的卷积核后，会输出 12×12 的特征图。为此，填充是在特征图通过卷积核之前人为增大其尺寸以抵消计算中尺寸收缩影响的方法。常见的填充方法为按 0 填充。

卷积操作计算的过程相当于矩阵中对应位置相乘再相加的过程，其图像表示如图 7-18 所示。图中 Input 为卷积层输入，Kernel 为卷积核，Output 为卷积层输出。

⑤ 激活函数。

卷积层中包含激活函数（Activation Function）f，以表达复杂特征。卷积运算是一个线性操作，而神经网络要拟合的是非线性的函数，因此需要添加激活函数。常用的是 Sigmoid 函数及 ReLU 函数等。

(3) 池化层

通过卷积操作，完成对输入图像的降维和特征抽取，但特征图像的维数还是很高。维数高不仅计算耗时，而且容易导致过拟合。为此引入了下采样技术，也称为池化（Pooling）操作。池化的做法是对图像的某一个区域用一个值代替，除了降低图像尺寸之外，所带来的另外一个好处是平移、旋转不变性，因为输出值由图像的一片区域计算得到，对于平移和旋转并不敏感。典型的池化有以下几种：

- 最大池化：遍历某个区域的所有值，求出其中最大的值作为该区域的特征值。
- 均值池化：遍历并累加某个区域的所有值，将该区域所有值的和除以元素个数，也就是将该区域的平均值作为特征值。

下面的图 7-19 给出了一个 2×2 卷积核所作最大池化。

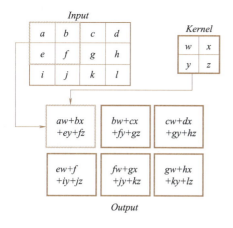
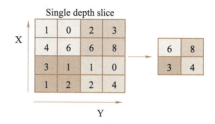

图 7-18 卷积操作示意图　　　图 7-19 使用 2×2 卷积核作最大池化

池化层选取池化区域与卷积核扫描特征图步骤相同,即池化大小、步长和填充。在池化层中常用表示形式如下式所示:

$$x_j^l = f(\beta_j^l \text{down}(x_j^{l-1}) + b_j^l)$$

其中,$\text{down}(x)$ 为池化函数,β 为权重系数,b 为偏置。

池化层的目的是减小特征图,池化规模一般为 2×2,但也可根据网络需求改变。

池化层的具体实现是在进行卷积操作之后对所得到的特征图像进行分块,图像被划分成若干个不相交块,计算这些块内的最大值或平均值,得到池化后的图像。

均值池化和最大池化都可以完成下采样操作,前者是线性函数,而后者是非线性函数。一般情况下最大池化有更好的效果。

(4) 全连接层

卷积神经网络中的全连接层(Fully-Connected Layer)相当于传统 BP 神经网络中的隐藏层。全连接层通常设置在卷积神经网络隐藏层的最后部分。特征图在全连接层中按传统人工神经网络方法进行全局计算,被展开成为向量,并通过激活函数传递至下一层。

(5) 卷积神经网络输出层

卷积神经网络输出层的前一层通常是全连接层,因此其结构和工作原理与传统 BP 神经网络中的输出层相同。对于图像分类问题,输出层使用规范化指数函数输出分类标签。

最后可得到 CNN 结构如图 7-20 所示。

图中,W_n 表示卷积核,F_n 为卷积层得到的特征,P_n 表示池化方式,S_n 为池化后得到的特征,Y_n 为全连接层输出的特征值。

3. 卷积神经网络算法

在 CNN 的算法中,我们用卷积神经网络结构为理论,以实现分类归纳为目标的算

法。该算法的方法与步骤如下:

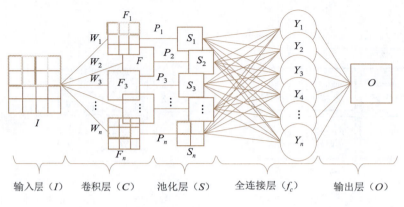

图 7-20　CNN 结构示意图

(1) 一组训练样本

算法输入需要有一组样本。样本由大量易于获得的不带标记的点阵式矩阵结构数据以及部分带标号的数据两部分组成。

(2) 一个算法结构

卷积神经网络结构:输入层、卷积层、池化层、全连接层、输出层。

(3) 算法步骤

用训练样本对算法框架作训练,用不带标号数据及带标号数据可分为前向传播和反向传播两个阶段。

第一个阶段,前向传播:

① 将初始数据输入卷积神经网络框架中;

② 逐层通过卷积、池化等操作,输出每一层学习到的参数。$n-1$ 层的输出作为 n 层的输入。上一层的输入 x^{l-1} 与输出 x^l 之间的关系为:

$$x^l = f(W^l x^{(l-1)} + b^l)$$

其中,l 为层数,W 为权值,b 为一个偏置,f 是激活函数。

③ 最后经过全连接层和输出层得到更显著的特征。

第二个阶段,反向传播:

① 由输入层用带标号数据,通过网络计算到最后一层输出层的结果、偏差和激活值。

② 将最后一层的偏差和激活值通过反向传递的方式逐层向前传递,使上一层中的神经元根据误差来进行自身权值的更新。

③ 根据偏差进一步算出权重参数的梯度,并再调整卷积神经网络参数。

④ 继续第③步,直到收敛或已达到最大迭代次数。

此算法是通过训练得到。实质上是采用"预训练+监督微调"的模式。预训练采用逐层训练的形式,就是利用输入对每一层单独训练。其训练样本集是大量的无标号数据。预训练之后,再利用较少量的带标号数据对权值参数进行微调。这种学习方法是通过使用大量的无标号数据学习得到所有层的最佳初始权重,然后再用少量的带标号数据对权值参数进行微调,从而得到算法。

（4）输出

该算法的输出是具有常数值权重的卷积神经网络算法。

4. 卷积神经网络算法的评价

CNN 算法是一种归纳算法。该算法的计算特性是：

① 该算法主要是求解卷积神经网络中的权值 W_{ij},这是一个变量。不同问题求解有不同的个数要求,因此它的复杂性属指数级,其解决方法一般是通过提高算力使其成为"可接受的"指数级算法。由于该算法层次数量多,每层中神经元个数也多,因此权值数比 BP 算法要更多,故而对算力要求更高。

② 该算法结构的正确性是无法证明的,主要原因是人脑工作原理的数学模型其本身就无法证明。一该算法的初始输入是连续性、多维对象,在通过感知器进入计算机时为点阵矩阵形数据,这是离散形数据,会涉及图像特征的丢失现象,此外,图像的不当选择也会造成过拟合、欠拟合,从而影响到特征选择的正确性。

③ 算法是由数据与算法组成的,这两者的正确性都无法证明,因此算法也是无法证明正确性的。目前一般采用实验的办法,用一组大数量的测试样本对算法进行测验,最后以测验的正确率是否符合预期目标为准。这是一种统计性的方法。实际上这个算法的正确性是统计意义上的正确性。它不具有真正意义上的正确性。从可计算性观点看,它是不完备的。

由此可见,CNN 算法与传统意义上的计算机算法是完全不同的,它是不完备的且是"可接受的"指数级算法。

7.5　基于算法的人工智能理论研究

21 世纪以来,在互联网、物联网、云计算的带动下,人工智能算法已形成了演绎推理和归纳推理两大典型算法,以及其他多种算法,实现了人工智能用计算机模拟人类感知和人类认知的重要发展目标。AlphaGo 的问世则意味着人工智能已迈入弱人工能的发展时期。但是人工智能及其算法在应用与开发中仍面临着诸多矛盾与困难,为了拓展与深化人工智能及其算法的理论与应用,需要对当今的人工智能算法进行深入的理论分析。

7.5.1　人工智能算法面临的主要矛盾与困难

现今的人工智能算法能满足丘奇-图灵论题的可计算性有效算法的极少,而大量的处于主流地位的是难以化归为多项式级的指数级算法。如今人工智能算法面临着如下主要矛盾与困难：

其一，人类思维有逻辑的、非逻辑的与创造性的之分。人类存在着诸如顿悟、心智、意识与情感等创造性的智能。但是它们的内涵是什么？它们是如何在心理与大脑的相互作用下生成的？其奥秘尚未揭开。致使什么是人类智能？人工智能是模拟人类智能还是模拟人脑功能？难以清晰与确定。

其二，人工智能算法中有很多虽有理论支撑，但至今仍找不到有效算法，它们是不可判定的。如停机问题是没有算法的。

上面的两个问题至今不属于可计算性理论讨论范围，它们是超图灵机理论或非图灵计算理论。

其三，很多的是存在有可计算性算法，但是属于不完备的，如人工智能演绎推理和归纳推理两大典型算法——归结原理与人工神经网络算法均属此类算法；

其四，更多的是存在有可计算性算法，但从其复杂度均是指数级的，当其变量突破了一定的限制之后，便变成为不可计算的问题。如上面的归结原理与人工神经网络算法均属此类算法。

其三、其四都属于指数级复杂性的非有效算法。

上述主要矛盾与困难的出现，其主要原因是人工智能所研究的是人类的主观世界，而至今人们对人类自身智能知之甚少；对大脑结构与功能的奥秘远未揭开；此外，算法理论所研究的仅是图灵机及其有效算法，它已难以模拟人类智能的复杂性。

7.5.2 人工智能算法后续的研究课题

面对人工智能算法的矛盾与困难，目前的人工智能发展水平从算法观点看仅处于弱人工智能阶段，很多难题尚待解决。

1. 国际科学界所关注的人工智能理论与算法问题

1997年，数学家斯梅尔(S. Smale)在加拿大多伦多的一次数学会议上发表了题为《下一世纪的数学问题》的报告。列出了21世纪数学研究的18个问题，其中：

问题3：P = NP？

问题18：智能的极限(人工智能与人类智能的异同点)。

1999年6月，美国科学院院士、著名的数学家格里菲斯(P. A. Griffiths)在上述18个问题的基础上，指出：

- 理论计算机科学是当今科学研究中最重要的、最活跃的领域之一；
- 另一个令人全新激动的探索领域是量子计算机的研究。这一课题与"P = NP？"问题紧密相关，……如果可以建造一台量子计算机，……能以足够快的速度来解决量子力学问题，……它几乎指数级般地加快了速度。

由此可见,立足于数学,人工智能算法理论有如下三个重大问题被列为面向未来的世界前沿性的研究课题:

① P = NP?

② 新型理想计算机(量子计算机)。

③ 人工智能和人类智能的异同点。

其中"P = NP?"被列为"最大的未解问题"的三大问题之一,这不仅显示了它的重要性,而且有助于"人工智能和人类智能异同点"的研究。此外,还呼唤着新型理想计算机(量子计算机)的出现。

2021 年 4 月 10 日,上海交通大学与《科学》杂志共同发布了 125 个全世界最受关注的科学问题,其中人工智能共 8 个,涉及理论与算法的有 4 个,它们是:

① 人工智能会取代人类吗?

② 机器人或 AI 可以具有人类创造力吗?

③ 量子人工智能可以模仿人脑吗?

④ 人类可以和计算机结合以形成人机混合物种吗?

2. 人工智能算法后续的研究课题

人工智能算法后续的研究课题还有很多,根据上述的世界前沿性的研究课题,结合现今人工智能理论研究现状,可将其化归为四类八个问题予以介绍。

1)计算的复杂性问题

人工智能算法中布满了指数级的算法,目前所采用的是通过提高算力以达到可接受的指数级的算法,这仅是一种权宜之计,其根本之道是理论上的研究,目前主要研究的是"P = NP?",此外是"量子计算机"的研究。

(1) P = NP?

"P = NP?"是人工智能最具基本性的算法问题的研究。这是一个数理逻辑中的命题逻辑的可满足性问题,亦即需要用可构造性证明的方法,证明定理:NPC 是可满足的,当且仅当 NPC 的每一个有限的子系统是可满足的。有关学者已证明了几千个属于 NPC 问题,但没有一个是可在多项式时间内求解的。由此可见:P = NP? 证明非常重要,P = NP? 证明又是很难很难的,期望在不远将来会获得相应的结论。

(2) 量子计算

人工智能定义中用计算机模拟人类智能的概念可以将其扩充至量子计算机。由于量子计算机的"量子"霸权特性使它在某些问题中的算法复杂性可以从指数级下降为多项式级(其如我国的"九章")。但是由于量子计算机的计算原理与电子计算机的计算原理完全不同,它采用的是"一对一"的应用量子力学中的特性模拟求解方法,其算法不遵守丘奇-图灵的可计算性原理。在人工智能中,可对特定的指数级算法问题用量子计算机的方法逐个攻破,这种方法前途很大。

2) 可计算性问题中的不完备性

在人工智能算法中大量的还存在算法的不完备性,如机器学习中的人工神经网络算法中存在着算法的不完备性及算法中数据的不完备性,有下面两种方法正在研究中。

(1) 人机融合

在人工智能可计算性算法中大量的是不完备的,目前一般采用人机融合方法。

人工智能中的"人工"目前可理解为计算机,但是很多问题尚须简单人类智能协助或称手工活动,用这种方法完成的称人机融合。最为典型的是汉字输入法,先用自然语言理解中的算法程序输入目标汉字,它们有多个可能的字体,然后通过手工活动(简单人类智能),选择其中正确的那一个,从而完成目标。对不完备的算法用简单的手工(简单人类智能)予以适当补充以达到"完备"之目的。

(2) 脑机接口

机器学习中经常存在着数据过拟合与欠拟合现象而造成了算法中数据不完备,此时可通过脑机接口技术,将数据直接从大脑所产生的脑电波中获取。脑电波经脑机接口技术,在一个狭小、固定范围内实现 A/D 转换,从而实现相对的数据完备。

3) 超图灵计算

上面讨论的是可计算性问题与计算复杂性问题,这都属丘奇-图灵论题。但是我们知道,世界上还存在着无数不可计算问题,对它们如何处理呢?它即是超图灵计算问题。即是否可以找到一种计算机,可以计算超图灵计算问题。

丘奇-图灵论题的一个自然推论是不可能存在比图灵机更强的图计算装置。如果假设存在一种装置超越图灵机,那么这一在可计算性上超越图灵机的装置称为"超计算(hyper computation)"。有人称"超图灵",这和超级计算(Super Computation)不同,超级计算是量变,超计算是质变。

对超图灵计算的研究,目前有两种,一种是理论上的研究,另一种是实用上的研究。

(1) "天启"的研究

图灵在提出了图灵机之后,曾提出过"**天启**"(Oracle)的思想:一个图灵机可以问 Oracle 任何问题,当 Oracle 的能力超过图灵机时,图灵机就有了超计算的能力。Oracle 的存在有理论的方便性,但具备超计算能力的 Oracle 本身都不存在物理实现。

天启可为超图灵计算从理论层次提供研究方向。因此对天启的研究是目前人工智能中的一个重要理论问题。

(2) "智能量子计算"的研究

在当前,出现了以人工智能算法为研究目标的量子计算机研究。这是一种以超计算为研究目标的智能算法,它有可能为超图灵计算提供方向。

量子计算与传统计算机的理论基础完全不同,前者是以量子物理中量子活动规律,如量子纠缠、量子叠加及量子霸权等规则为基础,后者则以丘奇-图灵论题为基础,这是两种完全不同的基础。亦即是说,量子计算是不遵守图灵可计算性原则的,因此存在着用量子计算解决超图灵计算的可能。目前大都用于人工智能算法中的超计算研究,称**智能量子计算**。

4)非图灵计算

最后讨论非图灵计算,即无法找到一种人工机器以求解问题,它可以用两种方法讨论。

(1)高级人机融合

我们上面讨论过人机融合,它是在算法中添加少量手工行为以完成算法,这是一种以算法为主,手工为辅的行为,称初级人机融合。可以对它做进一步扩充,亦即手工+机器。对一个问题的求解中可以根据不同需求,在人工求解与机器求解做不同阶段的多次不断转换,最终获得结果。这种方法可称为高级人机融合。这实际上是人工智能中应用极为普遍的方法,遗憾的是对它缺少理论性与系统性研究。

这种方法的典型例子是图论中的**四色问题**求解,四色问题又称四色猜想。四色定理是世界近代三大数学难题之一。它源于绘地图最佳应选择几种颜色?四色定理(Four Color Theorem)是1852年由一位叫古德里(F. Guthrie)的英国大学生最先提出来的。为了证明绘地图恰好是四种颜色,一个多世纪以来数学家们绞尽脑汁所引进的概念与方法刺激了**拓扑学**与图论的生长、发展。1976年9月,《美国数学会通报》宣布:美国伊利诺伊大学的哈肯(W. Haken)和阿佩尔(K. Appel)借助于电子计算机,花费1 200多个小时,修改了500余次计算程序,证明了地图四色定理,又为用计算机证明数学定理开拓了前景。这是一种人类和机器合作的,在人类主导下(以人工为主)借助于计算机完成数学难题求解的第一个典型范例。

(2)"心灵"的研究

在人工智能中一般所理解的智能是人类大脑,但实际上还存在着高于大脑的思维活动,如顿悟、灵感及超意识等,它们可统称为心灵。在4.6中讲到哥德尔提出了"心灵的能力超越大脑的功能,也超越像图灵机那样的机器能力",其主要观点是:

- 心灵的能力超越了大脑的功能。
- 人工智能是人脑功能的一种延伸,原则上可以模拟人脑的功能。
- 图灵机可模拟人类的可计算过程,不能模拟人类的心灵智能。

7.5.3 从算法理论观点讨论人工智能与人类智能

1. 按算法理论分类

根据上述的讨论与分析,从算法理论给出人工智能的分类,如图7-21所示。

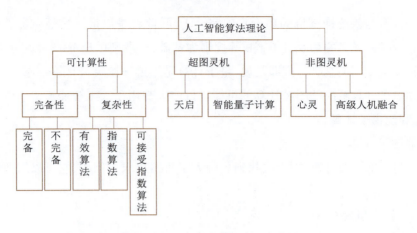

图7-21　人工智能算法理论分类图

2. 按算法理论分类的人工智能的三个研究目标

在人工智能中为便于研究,将它的研究目标设定为三个层次,即弱人工智能、强人工智能与超强人工智能。算法是人工智能的核心,我们可从算法角度对三个层次目标做研究。

(1) 弱人工智能

弱人工智能指的是计算机只能局部、部分的模拟人类智能的功能。这是人工智能近期奋斗的目标。从算法的角度看,弱人工智能所使用的是符合可计算性算法。从目前研究水平看仅限于有效算法、可接受的指数算法以及不完备的可计算性算法(图7-23中着色的那几种)。由于人工智能所研究的是主观世界,因有效算法使用并非主流,主要研究与使用的是可接受的指数算法以及不完备的可计算性算法。同时指数算法及完备的可计算性算法是当前研究的重点与难点。

(2) 强人工智能

强人工智能指的是有可能开发出与人类智能功能大致一样的机器。这是人工智能奋斗的目标。从算法的角度看,主要研究与使用的应是**超图灵机算法**。

(3) 超强人工智能

超强人工智能指的是有可能开发出与人类智能功能完全一样,甚至局部超越人类智能功能的机器。从算法的角度看,主要研究与使用的应是**非图灵机算法**。

目前讨论的都属弱人工智能阶段,而强人工智能的研究都是目前计算机所无法完成的问题,而超强人工智能的研究实在是太难了,要达到此目的仅是一种遥远的理想而已。

3. 人工智能与人类智能

从算法的角度分析看,仅靠目前所定义的计算机模拟的方法很难实现人类智能。较为可能的有两种方法。

(1) 机机融合方法——研究新的机器,其能力超越图灵机量子计算机是目前最有可能取代并超越图灵机的最有前途的方案。具体地说,即传统计算机与量子计算机的结合,再进一步达到传统计算机与量子计算机的融合,这就是机机融合方法。

在人类文明发展过程中,经历了从农耕社会、工业化社会(以蒸汽机为代表)、电气化社会(以电动机为代表)、信息化社会(以计算机为代表)。当前正在进入智能化社会,目前其代表机器仍是计算机,但是很明显,计算机无力担当此重任,预计传统计算机与量子计算机相融合的新的机器将成为所代表的机器。

(2)人机融合方法

以较简单的人类智能与机器相融合为基础,用人工+机器的算法,建立人机融合来模拟困难的、复杂的人类智能的目标。

参 考 文 献

[1] 克莱因.数学:确定性的丧失[M].李宏魁,译.长沙:湖南科学技术出版社,1999.

[2] 林东岱,李文林,虞言林.数学与数学机械化[M].济南:山东教育出版社,2001.

[3] 张家龙.逻辑学思想史[M].长沙:湖南教育出版社,2002.

[4] 克莱因.古今数学思想[M].邓东皋,张恭庆,译.上海:上海科学技术出版社,2002.

[5] 中国大百科全书总编辑委员会编.中国大百科全书[M].2版.北京:中国大百科全书出版社,2009.

[6] 李文林.数学的进化[M].北京:科学出版社,2006.

[7] 徐利治.论无限:无限的数学与哲学[M].大连:大连理工大学出版社,2008.

[8] 张景中.数学和哲学[M].辽宁:大连理工大学出版社,2008.

[9] 吴炯圻,林培榕.数学思想方法[M].厦门:厦门大学出版社,2009.

[10] 叶锋.二十世纪数学哲学[M].北京:北京大学出版社,2010.

[11] 朱梧槚.数学无穷与中介的逻辑基础[M].北京:科学出版社,2011.

[12] 李文林.数学史概论[M].3版北京:北京出版社,2011.

[13] 张再跃,张晓如.数理逻辑[M].北京:清华大学出版社,2013.

[14] 克里斯特斯.帕帕季米特里乌.计算复杂性[M].朱洪,彭超,译.北京:机械工业出版社,2016.

[15] 徐洁磐.离散数学导论[M].5版.北京:高等教育出版社,2016.

[16] 多维克.计算进化史[M].劳佳,译.北京:人民邮电出版社,2017.

[17] 小林雅一.人工智能的冲击[M].支鹏浩,译.北京:人民邮电出版社,2017.

[18] 尼克.人工智能简史[M].北京:人民邮电出版社,2017.

[19] 汪芳庭.数学基础(修订本)[M].北京:高等教育出版社,2018.

[20] 王元元,宋丽华.离散数学教程[M].2版.北京:高等教育出版社,2019.

[21] 布鲁克希尔,布里罗.计算机科学概论[M].12版.张竹君,高峻逸,译.北京:人民邮电出版社,2019.

[22] 徐洁磐.计算机系统导论[M].3版.北京:中国铁道出版社有限公司,2019.

[23] 麦考密克.改变未来的九大算法[M].管策,译.北京:中信出版集团,2019.

[24] 余俊伟.数理逻辑[M].北京:中国人民大学出版社,2020.

[25] 郁文生,孙天宇,付尧顺.公理化集合论机器证明系统[M].北京:科学出版社,2020.

[26] 徐洁磐.人工智能导论[M].2版.北京:中国铁道出版社有限公司,2021.